THE TABLE

女主人的餐桌時光

—— 50道輕食甜點優雅做 ——

Dawn Tsai

自 序
女主人的優雅生活態度

在英國生活多年，參加過大大小小的家庭聚會，見識過許多美麗女主人的妙手與巧思，對「女主人」一詞從不陌生。

女主人沒説的秘密

如果你到英國，受邀參與女主人的餐宴，這絕對是件盛大的事情，因為邀請代表認同與情誼。在英國百年的文化裡，不管是英式下午茶或是正式聚餐，女主人一直扮演著重要的角色，雖然籌辦活動時女主人並非隻身無援，但大多仍須親力親為，才能顯示對客人的尊重。

英國人處事風格通常較為內斂，身體語言也不會過於誇張，面對事情總能沈穩以對。也許有些人因此認為英國人冷漠，但當你愈了解他們，就愈能體會英國人的處變不驚、令人莞爾的幽默感，和對事物的執著。

從小在英國寄宿學校長大，默默觀察許多英國人嘴上不說的祕密，深刻體會到正統英國人的生活與文化。許多英式的正統禮儀、社交圈的運作，從孩子就學期間就開始養成，長期的潛移默化之下，使這一套禮儀模式深植人心，成為生活的一部分，其中內含的文化底蘊值得探究玩味。

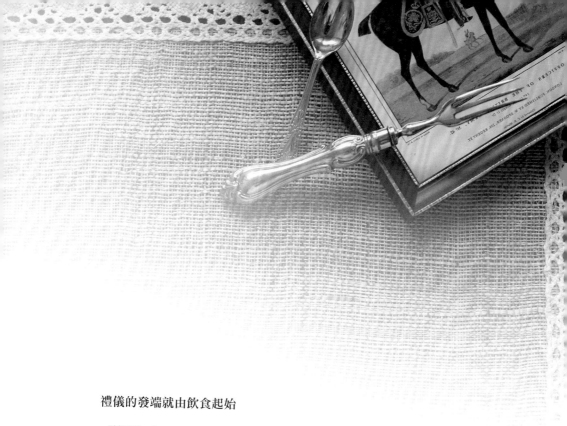

禮儀的發端就由飲食起始

《禮記》有云：「夫禮之初，始諸飲食」，古今中外皆同。中國歷史上，《周禮》提到中國王室建立了一套完整的機構，用以處理眾多禮儀繁複的祭祀、宴會等飲食相關活動，而在英國的皇室宮廷中也有相似的掌理機制。

作爲遠近馳名的禮儀使者，孔子曾言：「君賜食，必正席先嘗之。」這又可呼應到英國餐桌上，由主人帶領客人的傳統。而就以階級之間的互動觀之，英國社交圈中的往來也宛如中國古裝戲的後宮爭鬥戲碼。綜觀東西方對比，可說既細膩又有趣。

菜單靈感書，50 道美食輕鬆做

隻身於英國生活多年，早已習慣面對各種大小突發事件。「吃」這件事說起來最簡單但也最講究，平日雖然爲工作奔波忙碌，卻也讓我練就了隨機應變生出一桌好菜的本領。書中許多菜餚看似不起眼，但在我心裡卻帶著回憶的獨特味道，像是「牧羊人派」，這是我從小吃到大的溫馨餐點，每當心情低落時，只要聞到從烤箱飄出來的香氣，那迷人的味道讓人頓時覺得溫暖。偷偷告訴大家，這道菜也是英國威廉王子的最愛，

宴客菜單上總少不了它的名字。又或是食譜中的菠蘿麵包，每每經過英國唐人街，港式烘焙店的櫥窗裡，黑漆烤盤上擺放著外皮金黃圓胖胖的菠蘿麵包，總讓人飢腸轆轆，真想衝進去咬一口為快。由於認識了不少在英國念書的香港朋友，因此學會了這個配方，任性地將它歸類為英國記憶食譜中的一部份。

由於地理位置、氣候環境的不同，英國的食材與台灣也各異其趣。英國到處都是香草、馬鈴薯、各式藍莓、樹莓、香草沙拉、不同品種的起司奶油，而這些材料在台灣就稍嫌匱乏。英國人有多愛香草，從他們的廚房及花園就可以看出端倪，因此也反映在各式的菜餚裡。在台灣，若也想食用美味香草，最簡單的就是到建國花市自己買回來種，一大盆百元左右，只要注意水量，其實不難種養。除此之外，也可運用國外常見的乾香料，像是小磨坊的香芹粉、月桂葉、百里香葉、洋香菜葉、肉桂、豆蔻、義式或法式香草風味佐料等，就能輕鬆變出許多西式經典菜色。在本書食譜中，我將獻上一些能夠輕鬆處理的派對輕食及傳統好吃的英式菜餚靈感，並分享一些文化趣事和典故由來。

除了分享這些私人的口袋食譜外，也想藉此機會，帶入一些基礎的正式餐桌禮儀及主客之道。或許在台灣宴客時毋須如此講究，但若瞭解正式禮法並內化為己用，便可依不同場合狀況做最適的調整，又或者當角色調換，受邀做客時，你也將更為體諒主人的用心並做出合宜不失禮的回應。雖然書中所述多為基礎的入門，各項細節仍須依不同活動性質做彈性運用變化，未來有機會將再作深入探討。

另外，我想談一談英國皇室的精神理念。你可能很難想像，其實女王吃的並非大魚大肉，她的廚師曾說，女王注重的是東西的本質，不需要過度的花俏，一語道出英國菜的精神。事實上許多皇室專用品牌，並不是我們目前熟知的超級名牌。質感與功能兼具的產品才會受到皇室

青睞，像是經營雪牛絨的低調品牌 QIVIUK，質輕而暖，其保暖度是一般羊毛的八倍，但重量卻少了 20%；或是女王每天都拎出門的手提袋 LAUNER，也非那些我們口中所謂的「名牌包」。

最貴的名牌不一定最好，但好東西絕不廉價。飲食也是如此，優良的本質比華而不實更為重要，質感的確是一種生活的態度，值得所有人共同追求。「禮儀」，雖然只是一套進退應對的規範，目的不外乎只是希望藉由彼此都覺得舒服的方式來提升生活的質地，讓主客共享一段美好時光。

現在，就讓我們從餐桌出發，輕鬆找回優雅生活的幸福時刻。

Part1

Soup & Appetizer
湯、前菜、輕食

Main Course & Salad
主菜、沙拉

Part1

Party & Salad 甜點＆派對飲品

Part 2 & 3

女主人的餐桌

品味優雅的下午茶時光

PART 1
玩得開心，煮得輕鬆，
隨機應變好菜上桌

一切就從這裡開始
味蕾最原始的慾望

如何輕鬆料理食材
做出賓主盡歡的美味
成就女主人對賓客無微不至的
尊重與體貼

Yorkshire Garlic Spinach Soup
約克蒜香菠菜湯

約克古城下玫瑰戰爭，歷史的傷痛早已化入泥土裡新生的綠意，
以一碗菠菜熱湯來平復這百年的嘆息～

材料

菠菜 2 把（約 200g）

奶油 20g

鮮奶油 20g

洋蔥 1 顆

馬鈴薯 225g

蔬菜高湯 1.2L

作法

1. 洋蔥切丁，馬鈴薯切小塊備用。

2. 小鍋放入奶油，倒入洋蔥丁拌炒，再倒入馬鈴薯塊和高湯，待馬鈴薯煮軟，放入菠菜繼續熬煮。

3. 用手持式攪拌棒，將鍋內食材打成濃湯，撒上適量鹽、胡椒調味。

美味優雅小秘訣：

品嚐時可淋上少量鮮奶油，提升整體香滑濃郁的口感。只要將奶油量降低，也可以當成身體排毒餐的好配方，這絕對是低卡的優質代餐喔。

Celery and Potato Soup
牛津城芹菜馬鈴薯湯

陽光下邂逅牛津城，與哈利波特擦身而過，
卻意外嚐到另一種魔幻滋味～

材料

芹菜 2 把（約 200g）

奶油 20g

鮮奶油 20g

洋蔥 1 顆

馬鈴薯 225g

蔬菜高湯 1.2L

作法

1. 洋蔥切丁，馬鈴薯切小塊，芹菜切小段備用。

2. 小鍋放入奶油，倒入洋蔥丁拌炒，再倒入馬鈴薯塊和高湯，待馬鈴薯煮軟，放入芹菜繼續熬煮。

3. 用手持式攪拌棒，將鍋內食材打成濃湯，撒上適量鹽、胡椒調味。

4. 可選擇淋上少量鮮奶油，增加香滑口感。

Knightsbridge Chicken Terrine
騎士橋雞肉凍

將此刻的歡愉凍結，切成時空的薄片～

材料

橄欖油 2 大匙

紅椒及黃椒 各 1 個

大蒜 5 瓣

吉利丁 4 片

雞湯 600g

葡萄柚果肉 5 片

雞胸肉 500 ～ 600g（約 4 片）

培根 2 片

香菜 50g（依喜好自行斟酌）

鹽 1 小匙

長方形容器 1 個

保鮮膜

美味優雅小秘訣：

由於這是冷盤，備料過程需確保食材煮熟及清潔，上菜時可搭配熱麵包，口感更佳。

作法

1. 香菜洗淨用調理機絞碎成香菜泥，大蒜切小丁，紅黃椒切成細條狀備用。

2. 四片雞胸肉，用刀拍斷肉筋備用。

3. 橄欖油倒入鍋中，以大蒜丁爆香，放入雞胸肉、一半的香菜泥 （步驟 1），煎熟至表皮呈金黃色澤，起鍋備用。

4. 培根於鍋內煎熟盛出備用，再用剩餘培根油份炒紅黃椒。

5. 取兩片熟雞胸肉（步驟 3） 與剩下的香菜泥放入攪拌器，打成香菜雞肉泥備用。另兩片熟雞胸肉為片狀（不要切的太碎，保留肉塊的口感）。

6. 雞湯加熱，放入吉利丁片（先於冷水泡軟），加鹽調味，確定吉利丁完全溶解後，稍微放涼（仍呈現液體狀）備用。

7. 取出方形容器，將保鮮膜鋪進容器內，記得四周預留空間，方便成型後取出。

8. 在長方形容器中依序鋪上食材：倒入 0.3 公分湯汁、葡萄柚果肉（切成小丁）、培根、香菜雞肉泥、紅黃椒、切塊熟雞胸肉、最後倒入步驟 6 製作的雞湯。

9. 將空隙全部填滿，輕輕用保鮮膜覆蓋表面，送進冰箱冷藏，約需放半天成型，之後便可切片食用。

Mediterranean Tapas
地中海風味塔帕斯

相聚的可貴在於分享彼此的快樂傷悲，把酒言歡其實也只需一碟小菜～

材料

洋蘑菇 20 ～ 25 顆

橄欖油 2 ～ 3 大匙

大蒜 3 瓣（或香蒜粉 1 小匙）

法式香草風味料 1/4 小匙（乾）

蝦夷蔥 適量

鹽與胡椒

作法

1. 大蒜切碎丁，蝦夷蔥切細段備用。

2. 平底鍋倒入橄欖油，大蒜丁爆香，倒入蘑菇，翻炒至蘑菇呈焦黃色，加入香草風味料及蝦夷蔥調味，起鍋前撒上少許鹽及胡椒，即成一道地中海風情小菜。

Pollack Roe Garlic Bread
雀兒喜香蒜魚卵麵包

古英語中的雀兒喜（Chelsea）代表停船的港口，為了這獨特滋味，
不繫之舟也在此停留～

材料

奶油 70g

橄欖油 3 大匙

大蒜 6 瓣

鹽 1/2 小匙

明太子 2 塊（可依喜好變換不
同食材）

羅勒葉 & 蝦夷蔥 適量

法國麵包 1 條

作法

1. 美味抹醬作法：軟化奶油、橄欖油、大蒜（剁碎）、鹽倒進攪拌器中拌勻，再放入明太子攪拌均勻，即成為抹醬。也可省略明太子，直接當奶油大蒜抹醬使用，可冷藏保存 2 ～ 3 天。

2. 將抹醬塗在切片的法國麵包上，放進預熱180 度的烤箱，烘烤時間 5 ～ 7 分鐘，即可享用。

美味優雅小秘訣：

上菜時搭配新鮮羅勒或蝦夷蔥會更加美味。
可試試將明太子換成燻火腿、熟雞肉、熟蝦仁等，即可變化出多種派對麵包喔！

Smoked Salmon with Watercress
紅磨坊水芹燻鮭魚

鮮甜嫩鮭搭上爽口水芹，在瓷盤中看見紅磨坊裡綠葉紅花的交相輝映～

材料

水芹菜 半包

燻鮭魚 5 片

小黃瓜 半條

法式麵包 1 條（或市售烘乾的
麵包塊）

芥末醬 1 小匙

軟乳酪起司 5 小匙

作法

1. 小黃瓜切成薄片備用。

2. 法式麵包切成片狀備用。

3. 將水芹菜放置於魚片上方，慢慢捲成一個鮭
魚捲。

4. 將軟乳酪起司塗抹於法式麵包片，然後將燻
鮭魚捲擺置上方，上菜時用小黃瓜片與芥末
醬點綴。

Liverpool Jazz Snack
利物浦爵士小點心

週末小派對，爵士樂搭上清爽小點心，讓人輕鬆搖擺無負擔～

材料	作法

材料

小黃瓜 2 條

起司球 15 個

作法

1. 小黃瓜洗淨擦乾（盡量挑選粗細相近者），切成適當長度。

2. 起司球（或將切達乳酪切成小方塊）擺放在小黃瓜上，用派對叉串起，即完成一份。

美味優雅小秘訣：

一份適合一個人取用，一盤通常有 20 ～ 30 份，是相當簡易的派對小菜，這類的小點心會是聊天時的良伴。小黃瓜可用小番茄或葡萄替換，又或以其他水果來做搭配。

Maypole Bacon Stick
五月節培根棒

英國五月晴空下，繫於立柱上的彩帶隨風飄舞，培根棒好吃又好玩，最適合大人小孩同歡～

材料

麵包棒 5 根（1 根為 1 份）

培根 5 片（1 片為 1 份）

迷迭香 少許

作法

1. 預熱烤箱 200 度（加上一層吸油烤紙）。

2. 除去迷迭香梗部（每捲用量只需 1 小瓣的碎葉）。

3. 培根依照麵包棒型，慢慢捲上去，並包入迷迭香。

4. 捲好培根棒再平放於烤盤上，送入烤箱，待培根熟透。

美味優雅小秘訣：

如果烘烤時間沒抓好，麵包棒可能會因培根遇熱出油而軟化，由於培根加熱烤熟後會固定為捲狀，此時可直接抽換新麵包棒。

Square Mile Shrimp Cocktail
大銀行家酪梨培根捲

啜飲一口酪梨香氣，甜蝦與鹹培根的肥腴滋味，
這杯專屬 VIP 獨享～

材料

酪梨 1 顆

培根 5 片

大蝦 5 隻

番茄醬 2 大匙

蝦夷蔥 1 小把

作法

1. 酪梨放入調理機打成泥狀備用。

2. 蝦仁放入炒鍋，加入少許油、番茄醬，稍微翻炒至蝦肉呈粉紅色，盛起備用。

3. 蝦仁捲入培根內（每捲需要一隻），用牙籤固定，以免散開。

4. 培根捲放入不沾鍋中乾煎（培根會遇熱逼出油份），待培根呈現焦黃即可盛起。

5. 擺盤時可用雞尾酒杯或小玻璃杯盛裝酪梨泥，培根捲置於上方。

美味優雅小秘訣：

由於培根鹹味較重，不需另外調味，酪梨香氣能使口味更爲清爽。

Pop Britannia Lollipop
英倫搖滾可頌棒

冷凍酥皮也能變身可頌？顛覆後再造，這就是搖滾！

材料

冷凍酥皮1片

作法

1. 一片冷凍酥皮對角切成4份，即成等腰三角形（可做4個可頌），想要大一點的話也可以對半切（可做2個可頌）。

2. 從右到左將酥皮慢慢捲在一起，於交疊處用手稍微壓緊。

3. 烤箱預熱180度，送入烤箱10～12分鐘，待酥皮隆起，烤成金黃色即可取出。

4. 稍微放涼，插入竹籤，綁上緞帶，即成可愛的派對小點心。

Neal's Yard Vegetarian Terrine
尼爾花園蔬菜凍（素）

吃膩了肉味，心中有時也渴望放下世俗的包袱～

材料

橄欖油 適量

紅黃椒 各 1 個

大蒜 2 ～ 4 瓣

無糖蒟蒻粉 30g

素蔬菜湯 300ml

玉米粒 少許

作法

素版蔬菜凍烹調步驟可參考「騎士橋雞肉凍」，將雞湯換成素蔬菜湯，蒟蒻粉替代吉利丁，雞肉換成玉米或其他蔬菜。蔬菜全部拌炒後，將結合蒟蒻粉的蔬菜湯倒入模型中，送進冰箱結凍完成。

Kensington Chicken Liver Paté
肯辛頓雞肝醬

奢華其實只是一種幻想， 價格不菲的鵝肝醬到底是什麼味道？

材料

奶油 140g

洋蔥 1 顆

大蒜 1 顆

雞肝 250g

白蘭地（Brandy）3 大匙

芥末粉 1/2 小匙

鹽及黑胡椒 適量

作法

1. 洋蔥切成小丁，大蒜切碎備用。

2. 取出一半奶油放入煎鍋加熱，放入洋蔥拌炒 3 ～ 4 分鐘，再放入大蒜繼續拌炒 2 分鐘。最後加入雞肝，開大火炒 5 ～ 6 分鐘，撒入鹽、胡椒、芥末、白蘭地（白蘭地可去腥並增加風味），拌勻後起鍋，放涼備用。

3. 以上餡料與剩下的奶油，放入調理機，打成綿密泥狀，即可盛入容器中。可配上熱騰騰的烤麵包或吐司一起食用。

美味優雅小秘訣：

如果需要存放超過兩天，可採用英國古老「油封法」，使用乾淨無水的鍋子將奶油融化，雞肝醬裝進容器後，將奶油倒在雞肝泥上，放入冰箱，奶油將形成薄膜，隔絕空氣，延長保存期限，大概可以保存 5 天。

Docklands Shrimp Pineapple Tart
多克蘭鳳梨蝦仁塔

莎士比亞大戲的精彩對白，肥美鮮蝦與香甜鳳梨，黃金組合令人滿心期待～

材料

蝦仁 20 隻

奶油 30g

大蒜 3 ～ 4 瓣

番茄醬 3 大匙

罐裝鳳梨 1/2 罐

蝦夷蔥（Chives）1 小把

馬鈴薯 3 ～ 4 顆

薄鹽小脆餅（鹹餅乾）適量

圓形模具 一個

橄欖油 適量

鹽 適量

胡椒 適量

作法

1. 鍋中倒入少許橄欖油，加入切成碎丁的大蒜爆香，再放入蝦仁翻炒，最後以番茄醬調味，炒熟放涼備用。

2. 炒好的番茄蝦仁（步驟 1）放入食物調理機打碎（20 隻蝦仁約 6 個塔份量），拌入切碎的蝦夷蔥，完成蝦肉餡料。

3. 馬鈴薯削皮切塊，水煮熟後壓成馬鈴薯泥，加入奶油、少許鹽和胡椒攪拌均勻。

4. 使用圓形模具將馬鈴薯泥塑型成為底座，依序鋪上鳳梨塊、蝦肉餡料，最後插上鹹脆餅就大功告成。

Shrimp Cake
鳳梨蝦仁塔的華麗變身

萬能馬鈴薯，總能變化新花樣

材料

延續上篇蝦肉鳳梨馬鈴薯塔，
相同材料也可做成好吃的煎
餅。

需額外準備的材料：

地瓜粉 40g
雞蛋 1 顆

作法

1. 將鳳梨切成小丁，加入蝦肉餡料與馬鈴薯泥
   （請參考鳳梨蝦仁塔材料）全部拌匀，成為煎
   餅泥，分成小份量，壓製成圓餅狀備用。

2. 將蛋液打散攪匀，地瓜粉鋪在盤子上。將煎
   餅泥沾上蛋液，然後裹上地瓜粉，直到不沾
   手為止。

3. 將橄欖油倒入鍋中，小火煎到兩面表皮金黃，
   即可享用。

美味優雅小秘訣：

馬鈴薯不但可以單吃，夾在麵包裡配上沙拉、
番茄醬與芥末醬，就是美味的另種吃法。

Mushroom Mash Cake
精緻蘑菇塔

賓主盡歡，蘑菇塔獨具匠心～

材料

洋蘑菇 15 ～ 20 顆

橄欖油 2 ～ 3 大匙

大蒜 3 瓣（或香蒜粉 1 小匙）

法式香草風味料 / 乾 1/4 小匙

蝦夷蔥 1 把

馬鈴薯 3 ～ 4 顆（大）

奶油 55g

液態奶油 3 大匙

鹽與胡椒 少量

作法

1. 將洋蘑菇切成薄片，大蒜切成碎丁備用。

2. 馬鈴薯泥作法：馬鈴薯削皮切塊，放入鹽水煮熟後撈起瀝乾，壓碎成泥，再與奶油、液態奶油（可選擇不加）、鹽跟胡椒拌勻。

3. 平底鍋倒入少許橄欖油，大蒜丁爆香，倒入蘑菇片，翻炒至蘑菇微焦黃，加入香草風味料及切成小碎段的蝦夷蔥，撒上少許鹽及胡椒，起鍋備用。

4. 取出餅乾模具，填入馬鈴薯泥做底，將炒好的小蘑菇疊在上頭，最後用蝦夷蔥裝飾。

Sweet Salad Boat
開胃清甜沙拉

炎炎夏日，沒有空調的倫敦地鐵，在人間煉獄裡等待清甜的一葉方舟～

材料

超市歐洲綜合沙拉 1 包（任何歐式蔬菜沙拉都可以）

義大利煙燻香腸 Salami 8 片（約 4 人份）

蘋果 1 顆

柚子醬 5 小匙

溫開水 5 小匙

迷你葉形鐵模 4 個

作法

1. 烤箱預熱 180 度，將義大利煙燻香腸鋪在迷你葉形鐵模上，每個模具需兩片，稍微烘烤 2-3 分鐘，幫助塑型。

2. 將歐式沙拉洗淨，擺放於烤好的香腸上，加入切丁新鮮蘋果，最後淋上柚子醬。

Greenwich Seafood Pie
格林威治海鮮酥皮派

大步橫跨這道子午線，咬下一口新鮮海味搭配濃郁起司，
便知道美味的定義不分東西～

材料

鯛魚片 1 塊（可改用鱈魚、吳
郭魚片代替）

新鮮小干貝 約 20 顆

大蒜 4 瓣

罐裝乾燥香芹粉 1 小匙

鹽 1/4 小匙

刨絲焗烤起司 40g

冷凍起酥皮 2 片

橄欖油 適量

作法

1. 鍋中放入少許橄欖油，加入切成碎丁的大蒜
   爆香。開小火放入新鮮魚片、新鮮干貝煎至
   略微焦黃，最後放入乾燥香芹粉、鹽調味（之
   後將放上焗烤起司即會有鹹度，此時放入少
   量的鹽即可）。

2. 烤箱預熱 180 度，冰箱取出冷凍酥皮（不需解
   凍）。

3. 炒好的餡料（步驟 1）擺在冷凍酥皮中心，撒
   上適量起司，放入烤箱。

4. 烘烤時間為 12 ～ 15 分鐘，待酥皮逐漸膨脹，
   顏色轉為金黃層次鮮明即可食用。將酥皮切
   小即可增加份數，成為一口點心。

Newcastle Potato Sauté
新堡馬鈴薯派

當百憂解也失效，此時只有熱騰騰的奶油馬鈴薯滋味，
能填補那孤獨疲憊的黑洞～

材料

冷凍馬鈴薯片 1 包

洋蔥 2 顆

培根 4 片

花椰菜 1 顆

義大利麵白醬 1 包

橄欖油 少許

簡易白醬材料

無鹽奶油 1/4 杯（白米杯）

麵粉 1/4 杯（白米杯）

牛奶 2 杯（白米杯）

作法

1. 橄欖油倒入鍋中和洋蔥拌炒 3 ～ 4 分鐘，再放入花椰菜、培根（可用火腿肉代替）炒至熟透，加入白醬熬煮，拌勻後起鍋備用。

2. 餡料倒入烤盆，鋪上冷凍馬鈴薯片送入已預熱 190 度的烤箱，薯片烤至金黃即可。

簡易白醬作法

1. 開小火，放入奶油於鍋中，使其緩慢融化。

2. 奶油化開的同時，加入麵粉，用木湯匙攪拌均勻，小火煮 3 ～ 4 分鐘。

3. 最後加入牛奶，以小火慢煮 5 ～ 10 分鐘，待醬汁呈現濃稠狀，起鍋備用。

美味優雅小秘訣：

外脆內軟的馬鈴薯片怎麼做？

若買不到冷凍馬鈴薯片，可選用新鮮小馬鈴薯自行製作。先將 10 ～ 15 顆小馬鈴薯去皮洗淨，用滾水煮 5 ～ 7 分鐘撈起，將水瀝乾。鵝油三大匙倒入烤盤，用預熱烤箱的溫度使鵝油融化，加進 1 小匙鹽、1 小匙迷迭香香料拌勻，將馬鈴薯放入烤盤來回滾動，使馬鈴薯均勻沾附鵝油，再用烤箱 190 度烤 50 分鐘。

想吃到英國最道地的金黃烤馬鈴薯，重點在鵝油，這個英國媽媽的撇步，能讓馬鈴薯呈現外脆內軟的口感喔！金黃烤馬鈴薯，不管是整顆、切片或是切塊，隨意變化就可以轉換成配菜、零食或主餐呢！

Pesto Pasta
紅磚巷青醬義大利麵

踏進倫敦紅磚巷，呼吸著濃厚的古意，嚐一口新鮮羅勒製成的青醬，這一刻是老靈魂的重生～

材料

青醬材料（2人份）

材料A

大蒜 3 瓣

烤過的松子 20g

新鮮羅勒葉 20g

帕馬森乳酪粉 15g

橄欖油 適量

海鹽 適量

作法

A. 青醬作法

1. 羅勒葉洗淨擦拭乾淨，即便當日就使用完畢，仍建議擦乾為佳，以免遺留太多水分在醬料中。將所有材料（大蒜、松子、新鮮羅勒葉、帕馬森乳酪粉、些許橄欖油、海鹽）放置食物調理器中，打勻後再加入適量橄欖油調整濃度至濃稠醬狀。

B. 義大利麵

2. 義大利麵放入滾水，加入一小匙鹽、一大匙橄欖油，待麵體軟熟後撈起備用。

A+B

3. 鍋中放入少許橄欖油，爆香蒜末，再放入義大利麵略為拌炒，最後舀上 2 ～ 3 大匙青醬拌勻，然後以少許海鹽調味即可。

美味優雅小秘訣：

盛盤後，可放上香菜、九層塔或撒上黑胡椒，香氣會更濃郁。

Foie Gras Beef Stake
英吉利海峽鵝肝煎牛排

不是麗妲也不是歐羅巴，這一次宙斯為誰而來？

材料

鵝肝 1 塊

和牛 1 片

奶油 20g

醬油 1 小匙（或玫瑰鹽少許）

作法

1. 奶油放入煎盤，以小火使其融化，之後轉開大火，放入牛排及鵝肝。

2. 牛排、鵝肝煎熟後起鍋，牛排不要煎得太久過熟，盡量用高溫封住表面，保留牛排的肉汁，肉質也會較為軟嫩。

美味優雅小秘訣：

喜歡中式口味的人，鍋內可加入少許醬油，與剩下的奶油燒煮成醬汁，最後淋在牛排上。喜歡原味者，將玫瑰鹽撒在盤子角落，品嚐時適量沾取。

Cream of Mushroom Risotto
香濃起司蘑菇燉飯

用奶油起司餵飽瘦巴巴的小白米，這是美食家的不懷好意～

材料

橄欖油 適量

大蒜 3 瓣

洋菇 250g

乾燥牛肝菌（Porcini）20g

百里香（Thyme）適量

洋蔥 1 顆

燉飯專用米 400g

不甜白酒 100ml

蔬菜高湯 1500ml

戈根佐拉起司（Gorgonzola）
120g

帕馬森起司（Parmesan）1 小匙

鹽和黑胡椒粉 適量

作法

1. 大蒜不去皮，洗淨後稍微拍扁。洋菇與洋蔥切成薄片。乾燥牛肝菌以清水泡發，泡菇水過濾渣滓後備用。

2. 取厚底鍋，倒入橄欖油，以大火爆炒大蒜，再加入洋蔥、牛肝菌、百里香（葉片）。隨個人喜好可添加義式培根或其他乾燥菇種，增添香氣口感。

3. 接下來加入燉飯專用米，不斷翻動讓油脂完全包覆米粒，待米粒呈現透明狀，加入白酒，隨後加入 1/2 高湯，煮滾後轉小火，待湯汁稍微收乾再加入剩下 1/2 高湯，讓湯汁二次收乾，中間過程仍需不斷攪拌。如果喜歡吃軟一點的，可以再加水燉煮。最後加入磨碎的戈根佐拉與帕馬森起司調味，與米飯充分混合後，熄火蓋鍋 5 分鐘。

美味優雅小秘訣：

上桌前可淋上少許鮮奶油，增添風味。

Manchester Macaroni With Truffle Oil
曼城松露羅勒通心粉

古老的曼城傳說，極致香水中的第 13 味，包藏在一顆黑寶石裡～

材料

橄欖油 1 大匙

松露油 4 大匙

迷你通心粉 300g

檸檬皮 適量

鹽 2 小匙

起司粉 2 大匙

新鮮羅勒葉 2 片

洋香茱葉 1 大匙

作法

1. 通心粉放入滾水，加入 1 小匙鹽、1 大匙橄欖油，待通心粉煮熟後撈起備用。

2. 加入松露油、1 小匙鹽、起司粉和洋香茱葉香料。

3. 盛盤時以新鮮羅勒葉、少許檸檬皮點綴。

美味優雅小秘訣：

新鮮羅勒葉與檸檬皮，可增添鮮甜氣息，讓美味升級。

Irish Shepherd's Pie
愛爾蘭牧羊人派

生擒英國王子的必殺技！灰姑娘們仍需好好努力～

材料

（5～6人份）

橄欖油 1 大匙

洋蔥 2 顆

大蒜 3 瓣

羊絞肉 675g

紅蘿蔔 2 條

鹽跟胡椒鹽 適量

麵粉 1 大匙

牛肉高湯或雞肉高湯 225ml

紅酒 125ml

馬鈴薯 675g

奶油 55g

作法

1. 烤箱預熱 180 度，大蒜切碎，洋蔥與紅蘿蔔切丁備用。

2. 煎鍋倒入橄欖油，洋蔥拌炒 3～4 分鐘，直至洋蔥軟透，加入大蒜續炒 2 分鐘。接著開大火倒入羊絞肉與蔬菜（可用牛肉或豬絞肉代替），炒熟食材後，以少許鹽和胡椒調味，將肉醬盛盤備用。

3. 高湯、紅酒、麵粉依序倒入煎鍋，邊倒邊攪，攪拌至湯汁成稠狀（若不小心加入太多高湯，可用麵粉調整比例。肉汁須小心攪拌，以免燒焦）。

4. 煮肉汁同時，將馬鈴薯放入鹽水中煮熟，熟透後撈起瀝乾，用大湯匙壓成泥，加入奶油、鹽跟胡椒調味拌勻。

5. 準備烤盤，底層倒入肉醬，再鋪上馬鈴薯泥。

6. 烤箱轉至 200 度，烘烤時間 15～20 分鐘，待馬鈴薯上方呈現焦黃即可。

美味優雅小秘訣：

如果喜歡馬鈴薯有一層美麗的焦糖色，可以繼續用上火多烤五分鐘。

Brighton Beef Stew
布萊頓紅酒燉牛肉

酒不醉人人自醉，迷倒在這肉豐酒濃的溫柔鄉～

材料

牛腱肉 1 塊

橄欖油 2 大匙

洋蔥 2 顆

麵粉 3 大匙

大蒜 3 瓣

牛肉高湯 800 ～ 850ml

紅酒 150ml

紅蘿蔔 3 條

番茄醬 1 大匙

新鮮迷迭香 1 把

月桂葉 1 ～ 2 片

百里香葉 1/2 小匙

迷迭香 1/2 小匙

馬鈴薯 900g

鹽跟胡椒 適量

作法

1. 洋蔥、大蒜切碎，紅蘿蔔、牛腱肉、馬鈴薯切成小塊備用。

2. 開中火，倒入橄欖油，將洋蔥大蒜爆香，炒至邊緣金黃後盛出備用。

3. 開大火，倒入橄欖油，將牛肉外皮以高溫煎到金黃，利用高溫封住肉汁，加入鹽與胡椒調味盛出備用。

4. 準備一個燉鍋，將牛肉、洋蔥、紅蘿蔔、高湯、大蒜、紅酒、月桂葉、百里香葉、一小匙鹽、麵粉、迷迭香等所有食材加入鍋中，蓋上鍋蓋以小火燉 1.5 小時，之後加入馬鈴薯再燉 40 分鐘，由於馬鈴薯容易煮爛，需小心攪拌，直到牛肉與蔬菜煮到軟嫩。燉煮期間如果水分減少，請加入開水保持攪拌的流動性。

5. 如果喜歡較濃的湯汁，可以先用一小匙太白粉加水攪勻後，慢慢倒入湯汁中，多煮 5 分鐘。

美味優雅小秘訣：

若是燉煮過程湯汁過濃，可加入高湯或水稀釋。放入新鮮迷迭香，可增加迷人氣息。

Devonshire Quiche
德文郡蛋奶派

正如同哈比人魂牽夢縈的故鄉夏爾（Shire），
德文郡承載著所有英國人對奶油香味的幻想～

材料

鹹派皮

A. 鮮奶 60g、水 60g、
　　鹽 4g、細砂糖 4g

B. 奶油 200g、
　　低筋麵粉 400g

蛋汁

C. 動物鮮奶油 125g、
　　鮮奶 125g、全蛋 2 顆、
　　鹽 10g、起司粉 10g

餡料

奶油 1 小匙

洋蘑菇 10 ～ 15 顆

洋蔥切丁 100g

培根或火腿 200g

義大利香料（罐裝綜合乾香
草）1/2 小匙

胡椒粉 適量

作法

1. 派皮作法：A 與 B 材料先分別拌勻，再一起倒入較大型的容器中均勻混合成麵糰。麵糰成型後桿平（桿成厚度約 0.5 公分的片狀），用保鮮膜包起來放入冰箱，冷藏一小時備用。派皮可多做一些放於冷凍庫，想吃時解凍即可製作。

2. 餡料作法：培根或火腿切丁，蘑菇切成薄片。平底鍋放入奶油，倒入洋蔥丁炒至透明，然後加入培根與蘑菇繼續翻炒至軟熟，起鍋前加入胡椒粉與義大利香料調味，裝盛備用。

3. 蛋汁作法：C 材料拌勻備用。

4. 烤箱預熱 190 度。

5. 冰箱取出派皮，鋪在烤盤上（菊花模），將派皮貼著烤盤擺放，然後再修除多餘派皮，最後用叉子在派皮底部戳小洞。

6. 餡料均勻鋪在派皮上，倒入 C 蛋汁，喜歡吃焗烤的朋友可撒上起司絲。

7. 送入烤箱烤 45 ～ 50 分鐘，待表面凝固、派皮呈現金黃色即可出爐。

美味優雅小秘訣：

烘烤時派皮中間會膨脹，戳洞可避免餅皮膨脹，將蛋汁擠出模型。

Scottish Salmon
蘇格蘭香草烤鮭魚

發現簡單中的不簡單，在平凡中創造不平凡～

材料

新鮮鮭魚 1 塊

橄欖油 1 大匙

新鮮迷迭香 1 把（半個手掌的份量）

黃檸檬 1 顆

海鹽 1/4 小匙

小番茄 3 顆（1 人份）

作法

1. 烤箱預熱到 200 度。

2. 新鮮迷迭香洗淨去梗，放入小碗中加入橄欖油及鹽，攪勻備用，成為香草油。

3. 將新鮮鮭魚放置於錫箔紙上，小番茄對切放在鮭魚肉上，並淋上調好的香草油。將黃檸檬洗淨對切，一半可以切片鋪在鮭魚肉上一起烤，另一半可以在盛盤後刮些檸檬皮增加香氣。

4. 送入烤箱，烤 15～20 分鐘，待魚的顏色由鮮紅轉為粉紅色（若鮭魚排較厚，需要的時間會比較長，可以用叉子測試一下中心是否熟透）。

美味優雅小秘訣：

這道菜準備時間不長，魚排送進烤箱後，就可以利用時間處理其他餐點或餐桌擺設。

Riverside Sandwich
泰晤士河畔三明治

河畔漫步徜徉， 三明治裡夾著滿滿的午後愜意～

材料

義大利煙燻香腸（Salami）3 片
（或熟火腿）

歐式沙拉 1 把

洋蔥 半顆

軟式起司 2 大匙

曬乾番茄 1 塊

切達乳酪（硬起司）2 ～ 4 片

芥末醬 1 小匙

切片新鮮番茄 1/4 個

歐式迷迭香麵包 1 個

作法

麵包送進烤箱稍微加熱。將軟起司塗抹於麵包上，再將其他備料以層疊方式依序擺放（沙拉、硬起司、洋蔥、切片番茄、曬乾番茄、芥末醬）。

Greek Warm Salad
希臘彩椒溫沙拉

燃起一盆地中海的熱情，一路向北～

材料

黃紅椒 各 1 個

小番茄 5 ～ 10 顆

初搾橄欖油 1 大匙

義大利香料 1/3 小匙

希臘費他羊奶乳酪 15 小塊

罐頭橄欖 10 顆

鹽與胡椒 適量

作法

1. 紅黃椒洗淨切條，小番茄洗淨對切，希臘費他羊奶乳酪切成小丁備用（乳酪可依個人喜好調整）。

2. 平底鍋倒入橄欖油，放入紅黃椒拌炒，待變軟且邊緣成微焦狀，撒上義大利香料、鹽與胡椒，盛入大碗中備用。

3. 將希臘費他羊奶乳酪、橄欖（依喜好調整）、小番茄加入步驟 2 中，拌均勻後即是健康溫沙拉。

美味優雅小秘訣：

建議搭配麵包一起食用，口感更佳。

British Cauliflower with Cheese
英式奶油花椰菜

光陰刻寫了一份最古老的食譜，藏在英國老奶奶溫暖的微笑裡～

材料

白色花椰菜 1 顆

奶油 40g

麵粉 40g

牛奶 450g

焗烤起司絲 115g

豆蔻粉 1/4 小匙

鹽跟胡椒 適量

作法

1. 花椰菜放入沸水中，加入一點鹽，不要煮得太軟爛，川燙後撈起瀝乾，放入烤盤。

2. 奶油放入小鍋，以小火加熱軟化。加入麵粉攪拌一分鐘，倒入牛奶，持續攪拌三分鐘，直到變成濃稠狀。最後加入起司、豆蔻粉、鹽跟胡椒調味。

3. 將醬料淋上花椰菜，將其完整包覆，接著撒上焗烤起司，送入烤箱，以 190 度上火將表面烤至金黃。

美味優雅小秘訣：

可與烤馬鈴薯、沙拉、麵包搭配食用，滋味更豐富。

English Fruit Cake
英式水果磅蛋糕

「幸福」的重量？一磅！

材料	作法

材料

奶油 135g

低筋麵粉 135g

全蛋 2 個

紅糖 75g

水果蜜餞 45g

核桃 45g

蘭姆酒 15g

作法

1. 核桃放入烤箱以 180 度烤熟備用。

2. 準備一個鋼盆，放入室溫下軟化的奶油，逐次加入紅糖，將奶油打發至乳白色，再分次加入打散的蛋液，攪拌均勻。

3. 麵粉過篩倒入，用橡皮刮刀拌勻，最後加入烤熟的核桃、水果蜜餞與蘭姆酒，拌成麵糊。

4. 麵糊倒入鋪上烘焙紙的烤模（包覆整個烤模），用刮刀將表面抹平。

5. 烤箱預熱 180 度，烘烤 40 分鐘，烤好後可用竹籤輕戳檢查，若不沾黏就可出爐。

Chocolate Almond Squares
巧克力杏仁方塊

如果有口難言，那就別說了！
用另一種方式將故事寫在餅乾裡，咬一口便了然於心～

材料

低筋麵粉 250g

糖粉 100g

奶油 180g

蛋黃 1 顆

無糖可可粉 15g

杏仁薄片 80g

長方形模具 數個

作法

1. 奶油切成小塊，加入糖粉，打發成白色狀。

2. 低筋麵粉過篩，加入無糖可可粉及蛋黃拌勻，再倒入打發奶油一同攪拌成咖啡色麵糰，最後加入杏仁薄片。

3. 麵糰壓平，裝填在長方形蛋糕模具（或用剪開的牛奶盒），放入冷凍庫 2 小時。

4. 將麵糰從模具倒扣出來，刀切成一公分大小的薄片，放於烤盤烘焙紙上。

5. 烤箱預熱 190 度，烘烤 15 分鐘。

South Bank Cheese Cake
倫敦南岸乳酪蛋糕

現實就是，集眾多優點也可能比不上一個突出的特點！品嚐過各式美味，卻獨獨忘不了當年在倫敦南岸，小酒館裡乳酪蛋糕上的檸檬皮～

材料

奶油乳酪（室溫軟化）300g

牛奶 300g

蛋黃 108g

低筋麵粉 60g

蛋白 180g

細白砂糖 120g

橢圓模型 3 個

檸檬 半顆（取檸檬皮）

作法

1. 烤模先塗上一層奶油，裁剪與模型底部一樣大的烤紙，墊在模型底部，再剪一長條擺於側邊。

2. 烤箱預熱135度。烤盤內盛水（約1公分高），放入烤箱的下層一起預熱。

3. 將奶油乳酪在大盆中攪拌開來，加入牛奶稍微拌勻，再用攪拌器打成光滑細緻的泡沫狀，最後加入蛋黃、過篩麵粉一同拌勻。可再過濾一次以免殘留乳酪或麵粉顆粒，完成後隨即放入冰箱備用。

4. 打發蛋白：分數次加入砂糖，用打蛋器打至接近硬性發泡的溼性發泡（打蛋器上的發泡蛋白尖峰稍微下垂），取出冰箱的乳酪糊一同拌勻，切記輕柔攪拌，並注意不要讓乳酪糊沈入底部，造成分層不均。

5. 倒入烤模，放進盛水的烤盤上，烤箱設在135度，烘烤 80 分鐘。

6. 撒上檸檬皮於蛋糕上，增添檸檬香氣。

美味優雅小秘訣：

烘烤完可用手輕按蛋糕表面，若感到表面有彈性，內部沒有浮動感，同時蛋糕邊緣有些脫離烤模，就代表烤熟完成。如果嫌表面顏色太淺，可以提高上火或把烤盤往上層移動，再多烤幾分鐘，直到漂亮上色即可。出爐冷卻後體積會縮小，倒扣盤上即可脫模。撕去底紙，放進專用包裝盒中，即是美味大方的伴手禮。

Lloyds Almond Biscotti
羅德杏仁硬脆餅

強悍也許只是一種自我保護的偽裝，其實一杯紅茶或咖啡就能卸下心防～

材料

整顆杏仁果 200g

杏仁粉 100g

中筋麵粉 480g

細白砂糖 200g

鹽 3/4 小匙

蛋 6 個

香草精 1/4 小匙

檸檬皮末 適量

作法：

1. 杏仁果放進 175 度烤箱 15 ～ 20 分鐘，烤到金黃香脆，取出切成小碎塊備用。

2. 全部材料倒入大盆中拌成均勻麵糰，手上撲上少許麵粉，用手分成 3 份（一份餅乾麵糰，可製成 20 片或更多）。

4. 烤箱保持 175 度，將分好的麵糰輕搓成 30 公分的長條排在鋪上烤紙的烤盤上，烘烤 20 分鐘後取出放涼。

5. 用利刀斜切成片，厚約 1 公分（如果切片過程發生碎裂，代表烤得過久，或是刀鋒太鈍）。

美味優雅小秘訣：

若喜歡硬脆口感，可放回烤箱中上層，再烤 15 ～ 20 分鐘；若想要更乾硬，可將餅乾留在烤箱，用餘熱繼續烘乾 5 分鐘。完成後取出放涼，裝在密封罐內可以保存兩週。搭配茶或咖啡皆可。

Pineapple Bun
中國城懷舊菠蘿包

是什麼觸動心中最敏感的角落，看見了堅強下的脆弱～

材料

A. 麵包麵糰

高筋麵粉 150g

低筋麵粉 50g

糖 40g

鹽 0.5g

速發酵母 3g

奶粉 15g

水 130g

全蛋 25g

B. 無鹽奶油 20g

C. 波蘿表皮

奶粉 5g

低筋麵粉 80g

無鹽奶油 50g

糖粉 40g

蛋黃 1 個

D 全蛋 60g（1 顆）

作法

1. A 材料攪拌至麵糰表面呈現光滑狀，然後加入 B（無鹽奶油），持續和麵，至可拉出薄膜狀態。

2. 將麵糰放置室溫中進行基本發酵（夏天大概一小時）。

3. 波蘿皮作法：C 材料依順序放入大盆：無鹽奶油、糖粉、鹽、蛋黃、低筋麵粉（過篩），攪拌均勻後桿平，切成八片放入塑膠袋，存放冰箱備用。

4. 將發酵好的麵糰分割成八等份，滾成小圓球，表面蓋上菠蘿皮，靜置 30 ～ 40 分鐘。

5. 烤箱預熱上火 180 度、下火 160 度。

6. 將麵糰表面刷上 D（蛋黃液），放於烤盤烘焙紙上，送進烤箱烘烤 20 分鐘，至菠蘿皮呈現金黃色（假如沒有上下火，烤盤上可多墊幾層烤紙，以免烤焦）。

Hampton Mulberry Pie
漢普頓宮廷莓果派

探訪「英國凡爾賽」，亨利八世正為都鐸王朝熬煮著一鍋酸甜愛情～

材料	作法

材料

派皮：

中筋麵粉 195g

無鹽奶油 115g

細砂糖 20g

海鹽 3g

全蛋 60g（1 顆）

桑葚藍莓內餡：

奶油 20g

桑葚 2 杯（550g）

藍莓 2 杯（550g）

水 80g

玉米粉 1 大匙

檸檬汁 2 大匙

作法

1. 派皮作法：用打蛋器將無鹽奶油攪打至柔軟鬆發，奶油呈現絨毛狀。

2. 絨毛狀奶油加入細砂糖和海鹽繼續攪拌均勻，逐次加入全蛋蛋汁，接著加入麵粉混合成派皮麵糊。用保鮮膜包覆起來搓揉成型，再桿成片狀，放入冰箱冷藏 30 分鐘。

3. 果醬內餡作法：奶油放入平底鍋加熱融化，再拌入桑葚和藍莓攪煮。玉米粉和水先於杯中攪勻（不然會有硬塊），再慢慢加入鍋中攪拌至黏糊狀，盛出放涼後加入檸檬汁拌勻備用。

4. 烤箱預熱 180 度。

5. 從冰箱取出派皮，沿著圓形派盤模具鋪上，再去掉多餘派皮。用叉子在派皮底部戳洞，鋪上烤紙，壓上烘烤專用的小石子，以避免烘烤時過度膨脹變形，完成後放入烤箱，先以 190 度烘烤派皮 25 ～ 30 分鐘，倒進內餡果醬，烘烤 10 ～ 15 分鐘，至派皮金黃。

美味優雅小秘訣：

假如喜歡吃蓋式的酥派，只需將派皮份量變成雙倍，麵糰分成兩半，一半用於底部，一半用於上方覆蓋的派皮（合併步驟 5 & 6，直接鋪好派底後，倒入餡料再以另一塊派皮覆蓋於上方，刷上全蛋液。烤箱預熱 190 度，烤 50 ～ 60 分鐘，待派皮呈現金黃色即可取出食用）。

Tea Time Cookies
英倫玫瑰餅乾

品嚐小王子的愛情，因為你就是你，我眼裡的獨一無二～

材料

奶油 120g

糖粉 80g

全蛋 1 個

低筋麵粉 200g

香草粉 1/2 小匙

泡打粉 1/4 小匙

英國玫瑰茶茶包 1 個（使用茶包內碎茶粉，也可用其他口味的茶包替代）

巧克力 少許

作法

1. 奶油於室溫軟化，加入糖粉打發，分兩次加入蛋液，繼續打發成羽毛狀。

2. 麵粉與泡打粉、香草粉過篩後，加入羽狀奶油（步驟 1）混合成均勻麵糰，拌勻後加入玫瑰紅茶碎茶粉。

3. 麵糰分成小塊，壓平做成手工餅乾狀，放於烤盤烘焙紙上。

4. 烤箱預熱 190 度，烘烤 10 ～ 15 分鐘。

5. 餅乾放涼後，將巧克力隔水加熱融化，淋上做為裝飾。

美味優雅小秘訣：

巧克力裝飾部份，請將烤紙光滑面朝上，將融化的巧克力淋在紙上，成為想要的形狀，等到巧克力凝固後，慢慢撥下烤紙即可。

Chocolate Sponge Cake
可可海綿蛋糕

生命，是一種對比的存在，悲與歡，苦與甜～

材料

砂糖 100g

蛋黃 3 個

蛋白 3 個

低筋麵粉 80g

牛奶 50c.c.

奶油 30g

可可粉 20g

百利甜酒 1 小匙

蛋糕模具 1 個

作法

1. 蛋糕模具抹上奶油，鋪上烘焙紙。

2. 可可液作法：牛奶與奶油放入鍋中，開中火攪拌 1 分半鐘，千萬別加熱至滾開，成液態即可。倒入百利甜酒、可可粉拌勻備用。

3. 持打蛋器將蛋白打發，砂糖分數次放入，打至硬性發泡（打蛋器上蛋白尖峰站立不垂），再加入蛋黃，續打 2 分鐘。

4. 將麵粉過篩，加入步驟 3，輕柔攪拌至無粉狀態。

5. 烤模內鋪上烘焙紙 （剪裁到包覆整個烤模內部），可可液與麵糊均勻混和，倒入蛋糕模具（輕微上下晃動模具消除內部氣泡）。烤箱預熱 170 度，烘烤 30 ～ 40 分鐘（如仍不確定烤熟與否，可用竹籤戳進蛋糕體，不沾黏麵糊則代表烤熟）。

Alice's Chocolate Cake Pop
愛莉絲夢幻棒棒糖

佛洛伊德告訴愛莉絲：「人的願望會在夢境中實現」，
那麼我現在在做夢嗎？

材料

8 吋海綿蛋糕或蜂蜜蛋糕 半個

無鹽發酵奶油 110g

糖粉 45g

巧克力豆 160g

棒棒糖棍 10 ～ 12 隻

小花裝飾糖果 1 大匙

碎核果 2 大匙

作法

1. 蛋糕撕碎備用。

2. 奶油於室溫軟化後，加入糖粉打發成絨毛狀，
   放入蛋糕碎片拌成蛋糕糰。

3. 蛋糕糰用手捏成數小份（約 25g），揉成小
   圓球備用。

4. 巧克力豆隔水加熱，融化成液體便不再加熱
   （不可加熱過久過燙）。

5. 棍子先沾一些巧克力再插上蛋糕小圓球，浸
   入巧克力內。外層完整裹上巧克力後，灑上
   小花裝飾糖果與碎核果作點綴。

6. 插在保麗龍盒或是可以固定的地方，待巧克
   力凝固，即成可愛點心。

美味優雅小秘訣：

小甜點打上緞帶，可以在餐宴結束後，送給
客人當作伴手禮，讓客人在回家的路上也可
以享受女主人的細心。

Holborn Mango Pudding
霍爾本香芒奶酪

借一隻透納的彩筆，將陽光的甜蜜畫進冰涼的潤白，
倫敦因此在霧裡見到晨曦，在絕境中看見希望～

材料

芒果 1 顆

鮮奶 600g

吉利丁粉 10g

細砂糖 80g

杯子或模具 數個

作法

1. 芒果去皮，一半切成小丁備用，另一半打成
   果泥（不加水）。

2. 吉利丁粉與細砂糖倒入鮮奶中拌勻，小火加
   熱至細砂糖與吉利丁粉完全溶解。放入芒果
   泥和芒果丁，攪拌均勻後倒入模型。

3. 放入冰箱，待完全冷卻，即可食用。

美味優雅小秘訣：

這道簡單的甜點可以盛裝在各式容器內，創
造出小小驚喜。不管是玻璃杯、馬克杯、茶
杯、小茶碗等，都可以隨心所欲，玩出餐桌
創意，讓朋友驚艷！

Chocolate Chip Cookies
柯芬園巧克力酥餅

誤闖倫敦市裡的桃花源，在柯芬園裡偷一點悠閒～

材料

奶油 120g

糖粉 80g

全蛋 1 個

低筋麵粉 200g

香草粉 1/2 小匙

泡打粉 1/4 匙

巧克力碎片 少許

作法

1. 奶油於室溫軟化，加入糖粉打發，分兩次加入蛋液，繼續打發成羽毛狀。

2. 麵粉與泡打粉、香草粉過篩後，加入羽狀奶油（步驟1）混合成均勻麵糰，隨後再加入巧克力碎片。

3. 麵糰分成小塊，壓平做成圓形手工餅乾狀，放於烤盤烘焙紙上。

4. 烤箱預熱 190 度，烘烤 10 ～ 15 分鐘。

Victorian Sponge Cake
維多利亞草莓蛋糕

鑲在女王王冠上的紅寶石，維多利亞式的高貴落入塵世流轉～

蛋糕體：

奶油 30g

全蛋 4 顆

砂糖 110g

香草精 1/2 小匙

低筋麵粉 120g

泡打粉 1.5 小匙

大草莓 1 盒（10 顆）

草莓果醬 3 大匙

奶油裝飾：

鮮奶油 300c.c.

糖粉 80g

裝飾糖粉 1 小匙

烤模一個（方、圓皆可）

作法

1. 烤箱預熱 180 度，烤模塗上奶油，再鋪上一層薄薄麵粉備用。

2. 材料分成兩盆：

   第一盆：奶油切小立方，放室溫回軟，打發奶油。

   第二盆：將四顆蛋和砂糖打發，加入香草精拌勻。將一、二盆結合，攪勻後篩入麵粉及泡打粉，完成後倒入烤模。

3. 烤箱預熱 180 度，於烤模內鋪上烘焙紙（剪裁到包覆整個烤模內部），烘烤 60 分鐘，烤好後取出放涼（烤好前別任意打開烤箱的門喔，以免蛋糕塌掉）。

4. 鮮奶油內餡製作方法：鮮奶油加糖打發至起泡，但不要過度攪拌，成濃稠半固體狀即可停止。

5. 蛋糕體對切，中間夾入鮮奶油與草莓果醬，如有剩下的草莓也可以將草莓切小丁夾入，最後在表面塗上奶油並以草莓裝飾，篩上糖粉。

美味優雅小秘訣：

草莓蛋糕非常受小朋友歡迎，若宴客名單上有孩童，可以準備這道甜品。果醬的部份也可以嘗試使用玫瑰花果醬。

Summer Fruit Jelly
彼得潘夏日水果凍

開啟夏窗，遙遠的彼方，有一座五彩繽紛的 Neverland，那裡是
彼得潘的故鄉～

材料

草莓 10 顆

櫻桃 5 顆

哈密瓜 1 顆

葡萄柚 半顆

砂糖 2 小匙

吉利丁 4 片

香檳（或果汁）400ml

薄荷葉 適量

作法

1. 將吉利丁片泡在冷水裡直到軟化，撈起後放在一個大碗中，加入糖，然後倒入超過 90 度的熱水 150ml，攪拌至完全溶解，成為吉利丁水備用。

2. 待吉利丁水放涼後，加進香檳或自己喜歡的果汁，攪拌成為果凍漿，如果選擇的果汁已經有甜度，砂糖可以酌減，以免過甜。

3. 將綜合水果放入模具容器，倒入果凍漿，攪拌後放入冰箱冷藏至凝固即可食用，果凍的軟硬度可用水量自行調整。

美味優雅小秘訣：

可依喜好再添加不同水果，如藍莓、樹莓等。除此之外，水果凍也可以當作飲品的配料，一杯添加果凍的清涼蘇打水，別有一番夏日風情。

Blueberry Muffin
小茶館藍莓馬芬

鬆糕佐茶，寫一本屬於大不列顛的《追憶似水年華》～

材料

黃檸檬 1 顆 （取檸檬皮）

檸檬汁 60ml

牛奶 190ml

蛋 3 顆

海鹽 1/2 小匙

砂糖 145g

沙拉油 125ml

中筋麵粉 280g

全麥麵粉 140g

泡打粉 2 小匙

蘇打粉 1/2 小匙

冷凍藍莓 1 杯

馬芬鐵盤 1 個

馬芬紙杯 8 個

作法

1. 使用刨刀刨出檸檬皮，盡量不要刮到白色的部份，避免苦味，另外擠出檸檬汁，去籽備用。

2. 盆中放入檸檬皮、蛋、鹽、糖、油混合，利用攪拌器攪拌均勻，然後再加入牛奶與檸檬汁，整體拌勻，最後拌入冷凍藍莓。

3. 中筋及全麥麵粉過篩後倒入液體（步驟 2）中，加進泡打粉及蘇打粉，然後輕輕攪拌，將液體與粉類拌勻形成麵糊（過份攪拌會變得太硬）。

4. 麵糊舀進烘烤紙杯裡，盡量不要破壞藍莓結構。

5. 烤箱預熱 190 度，烘烤 25 ～ 30 分鐘，待馬芬膨脹，表面呈金黃色。

Chocolate Party Stick
小花巧克力棒棒糖

走進糖果屋裡，找到了遺失許久，一顆赤子之心～

材料

巧克力 125g

麵包棒 6 ～ 10 根

巧克力模型 數個

作法

1. 巧克力隔水加熱，攪拌融化後關火，不要讓巧克力沸騰。

2. 麵包棒置入模型中，倒入巧克力，隨後放入冰箱，待巧克力硬化即可脫模取出。

美味優雅小秘訣：

利用不同模型、不同種類的巧克力，就能變化出多彩繽紛的口感。如果將麵包棒換成肉桂棒，可以做成巧克力熱飲的攪拌棒。

Pinecone Chocolate Crunch
小松鼠核桃藍莓脆片

對松果的想像，讓人聽見美味的聲音～

材料

核桃 35g

玉米脆片 90g

藍莓乾 29g

巧克力 125g

糖粉 少許

蛋糕紙杯 數個

作法

1. 將核桃、玉米脆片、藍莓倒入一個大碗，拌勻後備用。

2. 巧克力隔水加熱，攪拌至融化即關火，不要讓巧克力沸騰。

3. 融化的巧克力拌入步驟 1，輕輕攪拌均勻，讓巧克力包覆所有食材後，倒入小蛋糕紙杯，放入冰箱冷藏 2 小時。巧克力凝固後即可脫模，撒上少許糖粉裝飾。

Chocolate Brownie
倫敦酒窖布朗尼

小廚房裡打翻一瓶佳釀，甜點也微醺～

材料

70% 巧克力 85g

無鹽奶油 60g

蛋 1 顆

砂糖 45g

鹽 1/8 小匙

低筋麵粉 22g

可可粉 3g

杏仁粉 13g

柳橙皮 1/2 顆

橙皮酒 1 大匙

核桃 200g

烘烤模具 數個（大方模、圓模都可）

作法

1. 巧克力與切成小塊的奶油放入鍋內，隔水加熱融化成液態，千萬不要過度加熱，溫度一旦太高，巧克力與奶油會變質分離。將奶油巧克力稍微放涼（保持液體狀）後，加入蛋、糖與鹽攪拌均勻。

4. 低筋麵粉、可可粉一起過篩，倒進巧克力液，加入橙皮酒與柳橙皮調味（可二擇一），攪拌均勻成為巧克力麵糊。

5. 烤模鋪上烘焙紙（包覆整個烤模）後，倒入巧克力麵糊至八分滿，撒上核桃輕輕壓入，烤箱預熱 180 度，烘烤 20 ～ 25 分鐘，烤好後用刀具輕戳檢查，如果有微微沾黏就可以出爐，即成濕潤順滑的布朗尼蛋糕。

美味優雅小秘訣：

削柳橙皮時，與檸檬皮一樣，注意不要刮到太多白色果皮的部分，否則會有苦味。橙皮酒可改換威士忌、白蘭地等其他烈酒，將別有一番滋味。

Traditional Bread and Butter Pudding
傳統英式烤奶油麵包布丁

離鄉背井，才會了解最家常的味道最令人懷念～

材料

奶油 85g

吐司 6 片

葡萄乾 55g

蛋 3 顆

牛奶 300ml

液體奶油 150ml

砂糖 55g

荳蔻粉 少許

作法

1. 少許奶油塗抹烤盤，吐司對切，在盤中排上兩層，撒上葡萄乾，備用。

2. 將蛋、牛奶、液體奶油、糖攪拌拌勻，淋在吐司上，接著撒上少許荳蔻粉，於常溫放置十分鐘後送進烤箱。

3. 烤箱預熱 180 度，烘烤 30 ～ 40 分鐘，待表面呈現漂亮的金黃色，即可取出。

美味優雅小秘訣：

可依喜好撒上砂糖、蜂蜜、卡式達醬或是液體奶油，滋味更豐富。

Apple Pie
修道院酥皮蘋果派

聞到焦糖蘋果的香氣，萬惡之徒都成了上帝的子民～

材料

蘋果 500g

檸檬 1 顆

砂糖 250g

水 50g

冷凍酥皮 3 片

作法

1. 檸檬洗淨對切，一半刨皮，另一半榨汁備用。

2. 蘋果洗淨去皮、去核後切成小丁，將一半蘋果丁和蘋果皮用食物調理機（或果汁機）打成泥狀。

3. 將步驟 2 打好的蘋果泥和剩下的蘋果丁倒入鍋中，加入檸檬皮絲和檸檬汁，小火熬煮 10 分鐘，至果丁熟軟呈透明狀，過程需不斷攪拌。將砂糖放入鍋中，均勻倒入少量的水，以小火繼續熬煮，部分呈焦糖色即可先熄火，讓餘溫繼續加熱，待全部呈現焦糖色，再開火煮滾兩分鐘，成為焦糖蘋果醬。

4. 烤箱預熱 180 度，冰箱取出冷凍酥皮，稍微放軟至可摺疊不裂的程度。

5. 將正方形酥皮對切，於中間填入焦糖蘋果醬餡料，再將邊緣稍微壓緊封口，放入烤箱。

6. 烤箱預熱 180 度，鋪上烘焙紙，烘烤時間 12 ～ 15 分鐘，待酥皮逐漸膨脹，顏色轉為金黃即可取出。

美味優雅小秘訣：

焦糖果醬不但可以搭配冰淇淋食用，也可以塗抹於麵包、鬆餅、餅乾餡料等等，是個非常實用內餡喔！

Original Scone
英式下午茶司康

蘇格蘭王的命運之石，鎮守三層架的堡壘，開啟午茶的甜美滋味～

材料

自發麵粉 450g

鹽 1/2 小匙

奶油 55g

牛奶 250ml

細砂糖 2 小匙

葡萄乾 2 大匙

蛋黃 1 顆（或 3 小匙牛奶）

桿麵棍

圓形餅乾模

作法

1. 烤箱預熱 220 度。

2. 自發麵粉過篩，加入鹽及切成碎片的冰奶油。

3. 以「搓」的方式將麵粉、奶油搓合在一起。之後分次加入牛奶，再以「折疊」方式按壓麵糰，不要大力搓揉。之後加進葡萄乾拌勻。如果麵糰過於溼軟，可加入少許麵粉，太乾則再加入少許牛奶。

4. 用桿麵棍將麵糰桿成約一公分厚度的片狀，如果麵糰太軟，則放入冰箱冷藏數小時後再處理。

5. 以餅乾模在麵糰上切（壓）出圓形司康，依序放到鋪好烘焙紙的烤盤上，刷上少許蛋黃液或牛奶（烘烤過後，司康表面會呈現金黃色），放入烤箱以 220 度烤約 10 ～ 12 分鐘，取出放涼即可食用。

美味優雅小秘訣：

自發麵粉 450g，大約可製作 10 ～ 12 個司康，如果找不到自發麵粉，可用中筋麵粉加入 3 小匙泡打粉代替。喜歡類似核桃酥口感，請選用低筋麵粉，喜歡較為紮實口感則選用中筋麵粉。

Cheese and Rosemary Scone
皇后花園鹹司康

尋找花園裡的秘密，卻迷失在新鮮香草的夢幻裡～

材料

自發麵粉 450g

鹽 1 小匙

奶油 55g

牛奶 220ml

新鮮迷迭香 1 把

新鮮蝦夷蔥 1 把

蛋黃 1 顆

刨絲焗烤起司 50g

桿麵棍 1 枝

圓形餅乾模 1 個

作法

1. 烤箱預熱 220 度。

2. 迷迭香、蝦夷蔥切碎備用。

3. 自發麵粉過篩，加入鹽及切成碎片的冰奶油。

4. 以「搓」的方式將麵粉、奶油搓合在一起。之後分次加入牛奶，再以「折疊」方式按壓麵糰，不要大力搓揉。加進切好的迷迭香、蝦夷蔥、起司輕輕拌勻。如果麵糰過於溼軟，可加入少許麵粉，太乾則再加入少許牛奶。

5. 用桿麵棍將麵糰桿成約一公分厚度，如果麵糰太軟，則放入冰箱冷藏半小時後再處理。

6. 以餅乾模在麵糰上切（壓）出圓形司康，依序放到鋪好烘焙紙的烤盤上，刷上少許蛋黃液（烘烤過後，司康表面會呈現金黃色），放入烤箱以 220 度烤約 10～12 分鐘，取出放涼即可食用。

Traditional Cucumber Sandwich
英式傳統下午茶三明治－小黃瓜

頭腦簡單一點，生活簡單一點，心情就會開朗一點～

材料

（1人份）

吐司 2 片

軟起司（Cream Cheese）1 小匙

小黃瓜 半條

作法

1. 小黃瓜切成薄片，越薄口感越細緻，建議使用切片器。

2. 第一片吐司塗抹軟起司，交疊鋪上小黃瓜（如魚鱗狀），蓋上第二片土司後，再塗抹軟起司，疊上小黃瓜。

3. 最後，用麵包刀將土司邊切掉，再由中心對切，即成清爽小點心。

Water Melon Happy Drink
海德公園派對西瓜汁

白刀子進紅刀子出， 這杯血腥瑪麗不血腥～

材料

西瓜塊 適量

砂糖 1 小匙

兩種作法可以選擇：冰砂口感 V.S. 果汁口感

冰砂口感：

1. 先將西瓜、砂糖放進果汁機（如果西瓜已經很甜則不另加砂糖），打成西瓜汁後，放入冷凍庫，待西瓜汁變成西瓜冰塊。取出西瓜冰塊放果汁機打成冰砂。

2. 如果希望冰砂裡有其他層次，可以加入不同水果，像是草莓、藍莓等自己喜歡的水果，絕對是炎炎夏日令人愛不釋手的飲品。

果汁口感：

1. 先將西瓜、砂糖放進果汁機，打成西瓜汁後倒入杯中加上冰塊。

美味優雅小秘訣：

如果想要把這個配方變成酒精飲料，加點伏特加（Vodka）即可 。除此之外，想要派對氣氛更嗨一點，試試看「酒西瓜」！將西瓜上半部挖 2～3 個小洞（洞要深不要大），挖出小部份果肉後，再從洞口慢慢灌入伏特加，最後封住洞口再以保鮮膜包覆，放入冰箱 2 小時，讓伏特加慢慢滲入整個西瓜，最後切片就可以吃了。

Summer Mojitos
夏日薄荷莫希托

酷暑烈焰，文思也枯竭，只得與海明威共飲一杯～

材料

砂糖 2 小匙

薄荷葉 8 瓣

檸檬 1 顆

蘇打水（氣泡水）適量

蘭姆酒 45ml

作法

1. 薄荷葉洗淨，檸檬對切，一半切成薄片，另一半擠出些許檸檬汁備用。

2. 將部分薄荷葉放入杯底，加入糖搗碎，讓薄荷葉的味道釋放出來，然後加入蘭姆酒和檸檬汁。接著於杯中放入碎冰，加入蘇打水攪拌，最後用薄荷葉及檸檬薄片裝飾杯口。

PART 2
女主人的餐桌

從計畫邀請的那刻起
便是一連串的考驗
不管是主人與客人
想要贏得優雅的稱許
取決於正確的社交禮儀

待客有道——女主人的強心針

當一個稱職的主人是一門藝術，不論是正式的大型宴會或是家常的小型餐敘，其中都包含了種種需要精心設計考量的細節。

從邀請函設計、餐點準備、座位安排、賓客介紹到席間致詞，主人必須面面俱到，最重要的是讓所有客人都能賓至如歸，感受到主人溫暖的誠意與用心。

雖然一開始也許千頭萬緒不知如何著手進行，如此窘境總會令人煩惱，忍不住舉手投降，但事實上大家毋須畫地自限，每個人都有化身為一個稱職好主人的能力，只要表列出重點事項並一一執行，再瑣碎困難的事情也可以迎刃而解。以下分享籌備餐宴中應該要注意的重點：

首先，誰來晚餐呢？思考邀請對象和活動的內容（主題、目的、地點時間、寄送與回覆的形式），這一點在設計邀請函上至關重要。

再多的準備也不為過！永遠記得預留 15 分鐘做為緩衝。活動尚未開始，賓客也還沒到達之前，就該將一切就定位，例如座位與餐具擺置完畢、餐點準備就緒、主人本身的穿著妝容也該打理完成。（後續章節裡將為讀者詳細介紹穿著藝術、座位安排、餐點設計、餐具介紹與擺置等。）

身為主人，應時時觀察客人的需求和對話的進行。事前該準備一些能夠活絡氣氛的席間致詞，合宜的致詞不僅會讓賓客感到溫馨，也可使用餐氣氛更為愉快，在後文中也為大家提供一些席間致詞的小訣竅。

主人也是整場活動的靈魂人物，務必保持從容鎮靜，展現優雅的禮儀舉止。聚會中意外小插曲總是層出不窮，例如不小心打破玻璃杯或是紅酒濺上餐桌布，但主人若能微笑從容應對，藉由機智的調侃和輕鬆的語調來紓解緊張氣氛，就能消除客人的焦慮與不安。

邀約有禮——大有學問邀請函

正式邀請朋友出席餐宴，會以實體卡片為主，可自行設計或購買現成卡片。正式邀請函內容包含了主人與受邀者的姓名、餐宴性質目的、日期、場地，以及服裝說明等，並於餐宴舉辦前兩週寄出，另外附上回函卡，讓對方可以勾選回覆。若收到邀請卻無法出席，可以禮貌性的拒絕，並親自向主人說明，若確認出席後也不要無故臨時缺席，以下提供基礎私人的邀請函予以參考。雖然現今通訊科技發達，大家多習慣運用社群網路或 email 來進行邀請和回覆，但回顧歷史，早期電話還未普及時，英國人已習慣直接到對方家裡拜訪做正式邀約。當時所使用的邀請卡，通常會將自己的姓名與頭銜，壓印或燙金在特殊尺寸的紙上，登門拜訪時，便將此 Social Calling Card（註）交給管家並委請代為通知。如果你留下卡片，對方理應要找時間回訪，假如對方不登門回訪，表示不被對方納入社交圈，可見當時英國有著強烈的階級觀念，直至今日，這種 SCC 仍存在於一些貴族社交圈中。

註：個人名片就像一種 Social Calling Card（SCC），代表著一個人的職業身份與社會地位，因此在上面寫字是不尊敬對方的舉動，切記不要在當事人面前，拿著他遞給你的名片註記或抄寫資料。

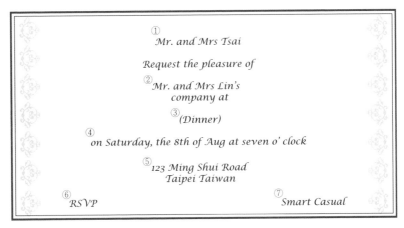

① Mr. and Mrs Tsai

Request the pleasure of

② Mr. and Mrs Lin's
company at

③ (Dinner)

④ on Saturday, the 8th of Aug at seven o' clock

⑤ 123 Ming Shui Road
Taipei Taiwan

⑥ RSVP   ⑦ Smart Casual

1. 邀請人 2. 被邀請人 3. 邀請原因 4. 時間 5. 地點 6. 回函 7. 穿衣場合

穿搭有術——
不同場合穿衣術

英國早期，正式場合聚會是王公貴族進行社交活動的途徑，由於他們特殊的身分地位，無法跟普通人一般隨意結識朋友，因此只得利用此類聚會來擴展自己的社交圈。根據不同的各式聚會類型，也發展出不同的穿著規矩以表對主人的尊重和禮貌。

現今不管是到別人家作客，或是參加宴會都需遵照「Dress Code」（穿著規則），比較常見的有：Black Tie（黑領結場合）、White Tie（白領結場合）、Smart Casual（體面的場合）、Cocktail（雞尾酒會）、Business Standard（商務標準場合）、Business Casual（商務便裝場合）、Casual（便裝）。

以下介紹前三個比較容易搞混的穿著場合：

■ White Tie 白領結場合

我們平日所說的正式場合，不外乎是指白領結（White Tie）與黑領結（Black Tie）兩種場合。「白領結」的穿著場合比「黑領結」的等級更高，例如皇家晚宴，男女均須盛裝，穿著正式服裝出席。男士需穿戴高帽、燕尾服、白馬甲背心、白領結、白絲巾，褲子旁需壓有兩道緞（Satin）線等。已婚女士會戴皇冠飾品於髮梢，加上

昂貴布料製作的披巾和及地的晚禮服
（絲、緞、絨類布料），並搭配鞋子
與首飾。

■Black Tie 黑領結場合

黑領結場合是指「正式的晚宴或宴
會」。黑色一直被視爲正式場合所使
用的顏色代表，而領結則是必須穿戴
的物品，因此「黑領結」也就成爲正
式晚宴的代名詞。

男士應著正式雙排或單牌釦外套、黑
領結、黑背心或是黑腰封、白絲巾、
白襯衫、黑白兩色馬甲等，女士則著
晚禮服。

出席英國正式場合，男士外套基本上
是不會脫掉的，就算要脫也會等到最
後上甜點時，才不會失禮。但於正式
餐會上，最好還是避免此舉，脫除外
套有可能令人覺得你不重視這個場
合，或是顯示出輕佻浮躁，因此爲了
避免「穿太厚」的尷尬情事，這也是
許多高級餐廳的冷氣開得特別強的原
因。

華人女孩身材較爲嬌小，若是受邀參
加「Black Tie」黑領結場合，可否穿
著迷你裙？正式場合裡，只有三種
裙子長度可以被允許：中長裙（Tea

Length）指的是裙長至小腿中段或腳踝、芭雷女伶式（Ballerina）指的是裙長至腳踝、全長裙（Full Length）則是指及地的長裙。迷你短裙儘管可以展示修長美腿，但在正式場合，只接受這三種長度。我個人一向與迷你裙絕緣，套句英國人的說法：「Disaster waiting to happen」（悲劇即將發生），容易走光就算了，露出大半截腿部，可能會不小心受涼，又招惹非分遐想。

■ Smart Casual 體面場合

「Smart Casual」泛指一種「體面」的休閒穿著，「Smart」點出此種穿著特色是有格調並帶有自我風格。基本上男士應著長褲、長袖襯衫、皮質休閒鞋、襪子、皮帶、西裝外套。對女士來說，下身可選長褲、牛仔褲、裙子等，只要是有質感的打扮都可統稱為體面穿著。

今天受邀參加聚會，邀請函寫著「Come as you are」，應該穿什麼服裝呢？

若單從字面上的意思：「穿你現在穿的就可以來了！」所以說短褲、拖鞋、運動褲都可以出現嗎？其實這是一個很有趣的說法，說穿了就是要你做自己。如果你穿得亂七八糟，將被解讀為不佳的品味與修養。沒有人希望與雜亂隨便劃上等號，所以當看到這種邀請函，就是要你以「體面的休閒裝扮」（Smart Casual）出現，通常男生應該穿簡單乾淨的襯衫，女生則以優雅的洋裝或輕便乾淨的裝束為主。

雞尾酒會（Cocktail）其實與「Smart Casual」相似，但是雞尾酒會通常於晚上進行。如何不過於隆重，又不會太休閒顯得不禮貌，男士穿西裝，女士穿及膝洋裝就很合適，但絕對不可出現牛仔褲、球鞋。

而男女在「Business Standard」商務標準穿著須展現專業形象，西裝和套裝是必備。「Business Casual」商務便裝其實與前者沒有太大差別，男生頂多去除領帶這個項目而已。

排座有序——座位安排有文章

大家參加宴會多半希望身旁坐著自己熟識的人，如此才可自在聊天交談，因此夫妻或情侶總會被安排坐在一塊兒，然而，按照正統的入座席位安排，女主人應該安排夫妻分開入座（中式圓桌可以例外），且男女交錯，以便和更多的人認識與互動。

正式的西餐禮儀，男女主人分坐長桌兩端，女主人的座位對門，方便暗示侍者上菜或服務，男主人則背對門。女主人右手邊的位置是第一男主賓的位置，左邊則為男次賓的位置。反之，男主人右手位置是第一女主賓的位置，左邊位置是女次賓的位置。如此一來最重要的客人就都在主人左右手所及的照顧範圍內。

當餐桌超過六個人的時候，會發現不同的話題同時開展。英國早期嚴格規定「聊天順序禮節」，稱為「Turn the tables」（轉動桌子），這個順序是指上第一道菜時，你應該和左手邊的客人談話，第二道菜的時候與右手邊的人談話，左右交換聊天。我個人覺得這是一門很有趣的藝術，也許你也曾發現，一些飯局裡比較害羞的客人，發表談話機會極少？或是當大家聚焦於某音量較大的客人身上時，會被迫專注討論特定話題，但若是遵照這種方式，每個人都能在餐桌上被照顧到，避免窘迫的場面。這些禮節在正式場合較常見到，家庭用餐則可以比較隨興。

男女交錯的安排，還有一些特殊用意，男士必須展現紳士風度，隨時留意身旁女士的需求，通常由坐在右方的男士協助其左方的女士，包括優雅地起身，拉開座椅請女士入座。在一些非常正式的場合，紳士們在女士入座與離席時，都應該起身以表尊重，不過目前大部分看到的會是起半身示意。

1. 女主人　2. 男次賓　3. 女賓客　4. 男賓客　5. 女主賓
6. 男主賓　7. 女賓客　8. 男賓客　9. 女次賓　10. 男主人

本圖片由 Wedgewood 提供

正式餐宴六道菜——
餐桌禮儀與餐具文化

此章節將以正式晚宴六道的餐點挑選及順序為骨架，補充用餐時會用到的基礎周邊配備、餐具使用及用餐禮節，希望提供身為女主人及受邀來賓合宜優雅的主客之道。

魔鬼藏在細節裡——餐巾

不管是在家宴客，或是前往餐廳用餐，首先映入眼簾的就是餐巾。正式的餐巾皆為白色，英國皇室傳統宴席上，可以看到全套的白桌巾、白蠟燭、白口布。白色代表純淨高雅，為了維持維護這份純白潔淨也需投入大量的心力，因此白餐巾的使用，表示對客人的敬意。

餐巾會因餐點的不同而有所分別，中午餐巾為正方形，使用方法為全開鋪於膝蓋上。晚餐使用長方形餐巾，第一步驟先把餐巾攤開，對折後將折口朝向自己放於膝上，絕不掛在胸前如圍兜。

餐巾用於簡單沾按嘴角殘汁，如有大型污漬則使用紙巾，當然餐巾也能在咳嗽、打噴嚏時禮貌性地遮掩口鼻。用餐途中，若要起身離席，可將餐巾擺放於椅背，而非椅墊上，主要因為餐巾若與座位接觸不僅不衛生也不雅觀。

入席就座後，即可將餐巾放於膝上，不過更謹慎的方式，就是看女主人或是東家的動作，當主人拿取餐巾就跟著做，這樣絕對不會錯。

英式饗宴六道菜——餐桌禮儀與餐具文化

一般大眾餐廳的套餐以沙拉、湯、主餐、甜點、飲料的順序上菜。然而，事實上正式六道菜，依序爲：湯、魚、主餐、沙拉、甜點、起司與水果。

正式餐具琳瑯滿目且各司其職，例如沙拉叉、正餐叉、魚刀、奶油刀等。看到滿桌的刀叉器具先別慌張，只需記得一個要領，每上一道菜，就先從最外側的一副刀叉開始取用！不過，到一般非正式餐廳用餐時，可能只會有一副刀叉，因此每一道菜都使用同一副刀叉，此時在等待下道菜到來之前，記得把刀口和叉子相嵌，使刀刃朝下，以免沾染桌面。

每道菜所使用的餐具各有不同，因此當設計完菜單，也該搭配相對應的餐具。以下將簡單介紹各道菜色與餐具的使用禮儀。

餐桌配角不可少——麵包與奶油

餐點較少的普通餐宴會提供麵包，其他場合則不一定。

〰 女主人的禮儀課

從食用麵包，可以看出一個人對西餐禮儀的認識有多深。尤其是一開始塗抹奶油，不管奶油是單獨一人一份或共用，都必須先用奶油刀挖取一小部分，置於個人盤子中，待奶油稍微融化後，再塗抹於麵包上食用，若是共用的奶油，記得先傳遞給座位較遠的客人，以示尊重與禮貌。麵包通常放於餐桌的左方，塗奶油時盤子也維持擺放在左手邊。麵包用手剝成方便入口的大小食用最爲合適，塗上奶油後即可享用，另外食用麵包時，碎屑的掉落在所難免，但不要急於毀屍滅跡，由服務生清理即可。

〰 餐具小故事：麵包盤

麵包盤主要常見於英國，但歐陸國家如法國，其餐廳不使用麵包盤，而是直接將麵包放在桌上，這也是過去封建制度留下來的習慣，因爲早期純白桌布昂貴，如此大器的使用、不懼玷汙白布爲財力奢華的象徵，至今部份的歐洲餐廳還是懷舊地沿襲此法。

FIRST COURSE

Yorkshire Garlic Spinach Soup
約克蒜香菠菜湯

SECOND COURSE

Smoked Salmon with Watercress
紅磨坊水芹燻鮭魚

THIRD COURSE

Foie Gras Beef Stake
英吉利海峽鵝肝煎牛排

FOURTH COURSE

Sweet Salad Boat
開胃清甜沙拉

FIFTH COURSE

Apple Pie
修道院酥皮蘋果派

SIXTH COURSE

Cheese Plater
起司拼盤

Coffee & Tea
咖啡或茶

第一道菜的設計——湯

國外正式宴會餐點，多以湯品做為第一道開場，暖身又暖胃。

 女主人的禮儀課

喝湯記得保持「優雅」和「安靜」。頭部保持微微點頭狀，切莫彎腰俯身，且湯品應小口品嚐，盡量避免「嘶嘶呼呼」聲。

英國認為湯匙凹處為「表面」，凸起為「裡子」，所以湯匙的裡要朝向自己，湯匙舀湯動作應由內而外，表面要朝向對方才不失禮。舀湯時，從表層開始，切忌讓湯匙和盤子發出驚人的碰撞聲，且絕不拿餐前麵包沾湯食用。

若只是稍事休息，湯匙可留在湯盤內，代表之後仍會繼續食用。若意圖暗示服務生不再用湯，則將湯匙擺放湯盤邊緣。

 餐具小故事：湯匙

早在舊石器時代，就出現湯匙的蹤跡。古埃及墓穴中曾發現木、石、象牙、金等材料製成的湯匙。十五世紀的義大利，為孩童舉行洗禮時，最流行的受洗禮物便是湯匙，他們多半會將孩子的守護天使刻在湯匙的握柄上，送給受洗的兒童。

餐桌上，不同湯品也須使用不同的湯匙，通常圓頭的湯匙會使用於湯內沒有塊狀食材的餐點，例如本書中的菠菜湯。若為番茄牛肉湯，則會選擇使用尖頭的湯匙來食用牛肉塊。因此，讀者下次見到餐桌上已擺置的餐具，便可對餐點的內容推知一二。

第二道菜的設計——海鮮與魚

第二道菜在正式餐點設計中,通常會是魚類,或是清淡的海鮮,屬於比較好消化的食材。

女主人的禮儀課

吃魚,在西方國家的餐桌禮儀上,可以輕易顯現出一個人的禮儀家教,刀叉功夫了得與否是需要訓練的。魚刀屬於鈍刀,刀鋒無鋸齒,拿法如輕拿鉛筆。以按壓方式將鬆軟的魚肉分離,而非大力鋸開。如果不小心吃到魚刺,請不要直接吐在盤上,而是以右手握空拳,將魚刺吐於拳中,再放至盤緣。若無法優雅地吐魚刺,可拿餐巾遮掩。

魚叉,從無鋸齒、三齒、四齒到六齒都有,且隨年代不同設計各異,這也因此成為許多收藏家蒐羅的標的。現在比較常見的為三齒,有如海神波賽頓的三叉戟。魚叉有時也會刻上特別的花樣,在同一套餐具中,較好辨認。

餐具小故事:叉子

還未發明餐具的年代,我們的手指就是拿取食物的好幫手,現在使用的叉子其實與手指作用無異,不管在形狀或是功用上都可相比擬。

叉子最早出現在十一世紀的義大利塔斯卡地區,那時只有兩個叉齒。當時的神職人員警告大家不要用叉子吃東西,認為人類只能用手碰觸上帝賜予的食物,有錢的塔斯卡尼人創造餐具,是受到撒旦的誘惑,是一種褻瀆神靈的行為。

直到十八世紀法國爆發戰爭,法國貴族偏愛用四個叉齒的叉子進餐,隱含「與眾不同」的寓意,於是叉子轉變成富有地位、講究品味的象徵,隨後逐漸變成餐宴必備的工具。

第三道菜的設計──主餐

在主餐裡，通常會挑選肉類為主食或是以麵食搭配肉類，加強飽足感。

 女主人的禮儀課

使用刀叉是門高深的學問，如何優雅如拉奏提琴，而非如屠夫般粗魯，重點在拿刀叉的食指指尖。切肉時，以指尖力量固定左手叉子，右手也以食指力量控制刀口，叉子的定點與刀鋒越靠近則越容易切下肉片。用餐時也須時刻記得保持端正的坐姿，手肘往腋下靠攏。

英式正統刀叉用法上，叉子凸出面為「表面」，不論任何種食物都要將食物放於叉背弓起的凸面上，表面見人才有禮貌。歐陸普遍比較彈性，可以使用叉子凹處。

給侍者的暗示

在高級餐廳或是正式聚會中，使用過的刀叉在擺放位置上暗藏玄機。中場休息時，英式刀叉擺放為（刀）11 點 4 點，（叉）2 點 8 點，將叉子前端與刀子相抵。用餐完畢的暗示為刀叉並排擺放 12 點 6 點方向，法式則為刀叉並排擺放 9 點 3 點方向。

 餐具小故事：刀子

主餐使用的刀具各有不同，一般而言它的刀型較大，易於辨識。

遠古人類以石刀作為工具，刀子繫於腰間，可用來切割物品，也可禦敵防身；具有地位、身分的首領們，才能佩帶多種不同用途的刀子。由此可見，刀子在人類生活中佔有重要地位。

西方餐具至今仍保留刀具，原因在於許多食物都以塊狀烹調，上桌後再由食用者依據個人喜好，分切食用。這點與東方人烹調食物前，就將食材切成小塊（如肉絲、肉片等）再進行烹調加工的方法大不相同。

法國路易十三在位期間，當時餐刀的頂部並非今日熟悉的橢圓形狀，而是具有鋒利的刀尖，用餐之餘，作牙籤使用，用來剔牙。由於不夠雅觀，國王下令將餐刀的刀尖磨成橢圓形，不准客人當其面剔牙。法國上下因此吹起了一陣將刀尖磨鈍的風潮。

敬酒致詞的藝術

席間致詞也是一門學問，一定要先搞清楚敬酒對象的來歷，至少頭銜名字千萬不得說錯，不然可就糗大了。可先在心裡稍微準備一下致詞的內容，通常會先說明你要敬誰、原因與內容，然後做一個完整的收尾。另外，敬酒過程也要釋出善意與微笑，別忘了眼神的交流。尤其在一個彼此較為生疏的商業場合，會發現敬酒過程預先用眼神交會過的朋友，在正式餐會結束後，大家比較容易攀談。成功的敬酒致詞，能讓你更快建立人脈，擴大交友圈。

於席間致詞，大家舉杯敬酒的時候，是否一定要杯子敲杯子，發出聲響呢？正式場合上，敬酒的人會起身，切記要站挺，當舉杯敬酒時，只需與你鄰座的人輕敲杯子，較遠的客人只需「空中敬酒」，做出舉杯的樣子即可。

第四道菜的設計——沙拉

沙拉蔬菜中的鹼性可以中和肉的酸性,真正用意為清潔味蕾,使人更能感受下一道甜點的滋味。

 **女主人的禮儀課**

沙拉多以生鮮蔬菜為主,以刀叉食用沙拉,應將大片菜葉切捲成適口大小,不可直接叉起生菜大口咀嚼。歐洲人雖然每道菜都有配酒,例如搭配前菜的雪莉酒、食魚的白酒、主餐的紅酒、致詞時的香檳、甜點的波特酒,但在享用沙拉時,由於沙拉中調味醬醋可能會減損酒的味道而不再另外搭配酒類。

餐具小故事:盤子

西餐餐具中,無論是刀子、叉子、湯匙或是盤子,其實都是手的延伸。遠古時代,人類用雙手接捧食物,現在則用盤子代替手掌,以便裝取更多食物,增加便利性。

最早的盤飾出自中國,直至 18 世紀歐洲才開始蓬勃發展。陶藝家初始是為貴族製造瓷器,在 1815 ～ 1898 年間,瓷器製作經過不斷研發創新漸漸普及,才從貴族世家流傳到民間家庭,成為歐洲大量生產的物件。

發展至今,盤子不僅是用餐工具,還是餐桌上最美麗的裝飾品。我們現在使用的西餐盤主要有四大種,裝飾盤、麵包盤、主菜盤、沙拉／前菜盤。

> Charger Plate 裝飾盤:走進高級西餐廳,總會發現一個比較大的盤子已經擺在桌上,其目的主要作為桌面擺飾,不會擺上任何食物。這種主盤從十九世紀開始流行,它有許多別名,例如 Show Plates、Under Plates、Chop Plates。有些餐廳會在客人坐定之後,就把盤子收走,或保留做為餐點下面的墊盤及裝飾,在上甜點時才被侍者收走。
>
> Bread Plate 麵包盤:擺在主盤的左前方,為擺放麵包的器皿。
>
> Main Plate 主菜盤:盛放主餐的器皿。
>
> Appetizer 沙拉／前菜盤:盛放沙拉／前菜的器皿,盤體比較小。

第五、六道菜的設計——甜點&起司與水果

一道簡單又好吃的甜點，搭配起司與水果，將為整套菜單寫下完美的句點。

～ 女主人的禮儀課

第五道菜通常為甜點，甜點以叉匙合併運用。水果的部份請記得仍以刀叉食用水果，遇到有籽的水果，可先以刀叉剔籽。食用過程中，切記不可直接吐籽於盤，應將手掌握成空拳，將籽輕吐於拳中小洞，再放置在盤緣，如此才可展現優雅的儀態。在正式場合，直到甜點上桌前都盡量避免離席使用洗手間。雖然 Call of Nature 是人之常情，但設想之，在一個正式的聚餐進行中，身邊若一直有人離席走動，常會使人產生莫名的焦慮感甚至干擾用餐。

終於，用餐進入尾聲，我們由以上所述可知，餐桌上的禮儀十分細緻講究。現今餐桌禮儀，概分為歐式（包含英式和法式）與美式兩派。歐式與美式由於文化歷史背景相異，在餐桌禮儀的表現上也各有不同。

這裡舉個小例子，我們常常覺得把手乖乖放在大腿上，可以給人有教養的感覺，這在美國是成立的，但在歐洲（尤其是法國）可得注意了！用餐時，雙手一定要擺在桌面上（手腕靠著桌面），不這樣做反會讓人覺得沒教養！為什麼有那麼大的差別呢？

窺探背後原因，不同於美國，歐洲許多國家一直保留君主制度。歐洲君王們多半與大臣們同桌共餐，國王總是害怕有人圖謀暗殺，所以如果大家的手擺在桌下，很有可能正在傳遞暗殺工具。攤開雙手，一向是歐洲人表現忠誠無欺的作法。因此將雙手露出於桌面，也成為表現禮儀的常規。

記得一位友人曾談及一件糗事，美國長大的她，第一次到法國拜訪丈夫的母親，用餐時仍習慣將手放於桌下，婆婆見狀不甚開心，但也並未言明而產生心結，事後才從先生那裡得知此事，讓她大為吃驚。這種微妙的禮儀文化，存在於日常生活當中，如果有機會到法國作客，千萬別犯了主人的大忌。

酒菜的親密關係──食物關係屬性大不同

酒的價值不在於價格，是否與菜餚相配才是更為重要的。我們總是聽到白酒配海鮮，主要原因其實是因為白酒單寧酸低，比較不澀，可以襯托清淡的魚味，但事實上，不須過份拘泥於此規矩，主要還是要看料理來決定，像是烹煮得較清淡的雞肉、豬肉，也可以搭配白酒。除此之外，肉類搭配紅酒的原因是因為紅酒的單寧酸高，為強鹼，可以中和肉類脂肪的強酸，例如鹿肉、羊肉、牛肉就是典型搭配紅酒的選擇。

英國人非常愛喝紅酒，尤其波特酒是許多英國人的最愛。波特酒的製造方法是在正規的葡萄酒發酵進行未完成時，加入酒精使發酵停止，此種作法讓酒保留了糖份，使它的味道比一般紅酒甜許多，且酒精濃度高達20%左右。

當吃到最後上甜點，主人會為大家準備波特甜酒。如果有人對你說：「Do you know the Bishop of Norwich？」你猜這是什麼意思呢？

老派的英國貴族，總是有自己的小圈圈，而且會以他們的方法來判定你是不是他們等級的圈內人。想要進到這個圈圈內，首先會測試你知不知道古老家庭才知道的用語。就讓我用實際案例來解說：在晚宴聚會上，波特酒會放在主人前方，永遠只從左手邊傳給下一位，酒通常會繞桌一圈，然後再回到主人面前。假如酒一直在某人面前沒被傳下去，主人會問那個人：「Do you know the Bishop of Norwich？」（你知道挪威治的主教嗎？）其實這並不是一個問句，而是暗示把酒傳下去。所以這時候的動作應該是，對主人歉意的微笑，然後繼續把酒往下傳。

如果這時你回答：「No, who is he？」（不知道，他是誰？）主人則會回：「The Bishop is an awfully good fellow, but he never passes the Port.」（主教是個非常好的人，但是他從來不傳波特酒。）如果你還是沒有動作，這足以證明你並非來自一個歷史悠久的家族，無法瞭解圈內人的文化共同點，從此以後這類場合，你將會被悄悄除名。

福爾摩斯演繹法——擺盤解謎今日料理

以下分別用圖示介紹早、午、晚餐的基礎餐桌擺置，方便大家運用於不同的場合：

1.Bread and butter Plate 麵包與牛油　2.Fork 叉子　3.Napkin 口布　4. Main Plate 主餐盤　5.Cereal Bow 碗　6.Water Glass 水杯 7.Juice Glass 果汁杯　8.Knife 刀子　9.Spoon 湯匙　10.Tea/Coffee Cup 茶杯 / 咖啡杯

早餐式 組合擺法（輕鬆隨意）

這種擺法對於在家裡過夜，會與主人共進早餐的客人，十分簡單好用。餐桌旁邊另有擺放食物的小桌，有熱食、麵包等，類似小型 Buffet，管家則會隨侍在側，送上茶、咖啡及主食，但在小家庭裡，則直接由女主人服務。由此餐桌擺盤可以猜到菜單是奶油麵包、玉米片或粥，再搭配主餐像是鬆餅或英式早餐、果汁、咖啡或茶。

1.Bread and butter Plate 麵包與牛油　2.Dinner Fork 主餐叉　3.Napkin 口布　4.Main Plate 正餐盤　5.Water Glass 水杯　6.Wine Glass 酒杯　7.Dinner Knife 刀子　8.Soup Spoon 湯匙

午餐式 組合擺法（半正式）

這種擺法可用於簡單的家庭聚會、朋友聚餐，是最為廣用的擺法，不一定限定中午使用。為何稱它為午餐擺法，是因為外國人午餐吃得簡單輕鬆，所以餐點不多，餐具也較為精簡。從這套擺法，可以看出菜單中應有麵包、湯、主餐、白酒，但是沒有甜點。如果想要加入甜點，可以參照晚餐擺法，補上甜點叉匙即可。

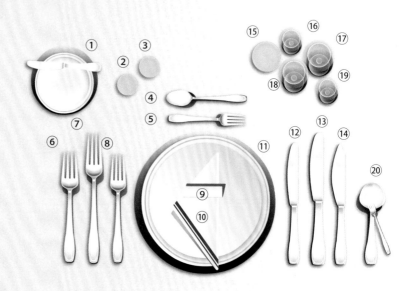

1.Bread and butter Plate 麵包與牛油　2、3 Salt Shaker 胡椒罐　4.Dessert Spoon 甜點匙　5.Dessert Fork 甜點叉　6.Fish Fork 魚叉　7.Dinner Fork 主餐叉　8.Salad Fork 沙拉叉　9.Place card 名牌　10.Napkin 口布　11.Dinner Plate 正餐盤　12.Salad Knife 沙拉刀　13.Dinner Knife 主餐刀　14.Fish Knife 魚刀　15.Water Glass 水杯　16.Champagne Glass 香檳杯　17.Red Wine Glass 紅酒杯　18.White Wine Glass 白酒杯　19. Sherry Glass 雪莉酒杯　20.cocktail 組

晚餐式 組合擺法（半正式）

這套擺法是依照菜單所設計，從第一道菜吃到最後一道菜，每道都要配上適當的餐具，菜單菜色的轉換也代表著餐具搭配的改變。舉例來說，如果現在第一道不是雞尾酒前菜，要改為湯的話，則圖上所示的雞尾酒叉匙需改成湯匙。從圖中餐具的擺置可以看出菜單為麵包、雞尾酒前菜、魚、主菜、沙拉、甜點，對應飲料的順序為水、雪莉酒、白酒、紅酒、香檳。乍看之下，很多人會覺得正式擺盤似乎相當複雜困難，但其實訣竅在於先設計菜單，一旦訂定菜單，只需照菜單需求從外排到內，拆解後會發現比想像中簡單。

本圖片由 Wedgewood 提供

PART 3
品味優雅下午茶時光

美麗優雅的餐具能營造餐桌氣氛
聆聽器皿的故事
認識茶的起源
讓一場午茶聚會沉澱出更多幸福滋味

品玩真骨瓷——淺析瓷器的相關知識

英國早期有許多的 Finishing School，也就是新娘學院，大部份女孩十八歲後，家裡就會把她們送進這種學院，希望培育出一位優雅的淑女。瑞士的新娘學院頗有名氣，戴安娜王妃就曾在瑞士的新娘學院進修過一年，裡面的課程包括學習各式各樣餐具的使用、歷史、文化、社交禮儀、音樂藝術賞析等，由此可知，要做個稱職的女主人，空有外表可是不及格的。

百年來的用餐文化，皇室對於用餐享受絕對不僅止於食物的美味。色香味美的佳餚仍需要有內涵的瓷器加以襯托，整道料理才得以圓滿。現代人對於吃越來越講究，食的文化包含禮儀與餐具美學，越是懂得吃的人越是講究與美食互相輝映的餐具。

中國自古盛產瓷器，被當成貢品贈送往來使節，因此加深了「中國」與「china」的關聯性。早期英國視瓷器為稀珍，而今聞名於世的瓷器餐具，歐洲漸已取代中國成為主流。目前較具知名的瓷器大廠像是：德國麥森、羅森泰、中歐奧加騰、赫倫、英國維吉伍德、皇家道爾頓、明瓷頓、比皇冠、皇家阿爾柏特、皇家伍斯特、斯波德、法國柏圖、賽費爾、丹麥皇家哥本哈根等，價位皆偏高。

好的骨瓷色澤呈天然骨粉獨有的自然奶白色，原料中含有 20％骨粉的瓷器，可稱為骨瓷。國際公認高級骨瓷，骨粉含量要高於 35％以上，質地最好的頂級骨瓷一般則含有 45％的優質牛骨粉。其中骨粉成分為 40％以上，器具顏色則更呈乳白色，屬非常高檔的骨瓷，原因為骨粉越高越難塑型，且經過兩次高溫窯燒時耗損率高，大大增加製作難度，但是成品輕薄亮透，上好的歐洲標準 40％以上的骨瓷套裝餐具，價格平均在幾千元左右。

Encharm 幕後團隊和國際精品 Waterford、Wedgewood、
Vera Wang 等知名品牌合作多年，希望品牌能將精品
的品質以平易近人方式呈現。Encharm 優雅耳系列杯
組包含：淑女、紳士、溫柔大狗與下午茶古典手繪奇
幻故事，以高達 45% 骨瓷細製，比全瓷保溫效果高
30%，詳情請見官網 www.encharmlife.com。

Encharm 創造出「優雅耳」，以頂級骨瓷 45% 含量製造技術，重現維多利亞時期古董杯的輕盈，讓您在正統拿杯法下，輕鬆用中指第一指節承受茶杯重量，體驗優雅下午茶時光。

現在市場紊亂，如何從標示來分辨骨瓷的好壞呢？

Bone China（骨瓷）——
只要有 20％骨粉即可稱爲骨瓷，屬質量較低的骨瓷。

Fine Bone China（高級骨瓷）——
含 35％骨粉，質量好。

Super Fine Bone China（頂級羽量骨瓷）——
含 40％以上骨粉，質量最優。

New Bone China ／ Imitate Bone China（仿骨瓷）——
並非眞的骨瓷，實爲商人爲了創造商機提高價格的仿製品，收藏價值低。

請相信自己的手感與眼睛，好的骨瓷絕對胎薄、透光、輕盈。雖然正確的評斷需要經驗的累積，但經過不斷地嘗試比較，定能辨別孰優孰劣。

一茶一世界——享受午茶的美好時光

除了中國人，愛茶成癮的英國人喝茶更講究優雅，時時刻刻都離不開茶，一日的開啓與結束都以茶作爲分界，除了對茶的產地、品種、口味加以細部分類，連帶對茶具、茶點的品質也都十分要求。其實歐洲原先並不產茶，英國早期，茶大多由船運從中國進口，耗時且量稀，被視爲與銀同價，品茶因此成了一種彰顯地位的象徵。身份地位顯赫的富人才有此能力品茶，並由女主人全權保管存放茶葉的盒子。款待貴賓之時，開盒、泡茶、倒茶也由女主人一手包辦，不假他人之手，由此可見品茶時的愼重與奢華。

根據統計，英國人一天可以喝掉數以「億」計的茶杯量，使人驚嘆喝茶文化已與生活密不可分。這份流轉百年的傳統，仍可見於倫敦眾多「Tea Shops」之中，不僅英國本地人會前往消費，也成爲觀光客朝聖血拚之地，有的店家甚至擁有超過上百年的歷史。

喝茶基礎小禮儀

喝下午茶的時候，記得以杯就口，且杯與盤不可分。右手持起茶杯之時，左手同時以茶盤托杯，位置高度約為胸前，用完茶後，再一併放回桌面。另外，把手的拿法也相當講究，正統英式方法是用中指第一指節承受茶杯重量，再以大拇指與食指輕夾杯耳，手指並不直接穿過杯耳，讓使用者看起來高雅無比。品茶儀態若能優雅流暢，就會有如一幅動態的美景使觀者心曠神怡，這才是正宗下午茶精妙之所在。

至於享用奶茶時，先倒茶還是先倒牛奶？這也一直是大家討論的話題之一。解答之前，得先回溯瓷器的故事：英國早期只有貴族才可使用骨瓷、銀器等昂貴的奢侈品，在 Wedgwood 使美麗的白瓷普及前，中下階級的人，多使用顏色混濁的低等瓷器，而這類的瓷器耐熱點低、易碎也易破。

然而在一個英國貴族的家裡，他們所使用的是品質優良堅固的骨瓷，沖茶時將滾燙的熱水直接沖入珍貴的骨瓷器皿中，也是另一種展現自身財富的暗示。因此古代貴族一定是先倒茶再加牛奶，反觀宅院裡的侍從僕役，他們使用的瓷器品質較差，為了減少破損，會先倒牛奶才倒茶，以

本圖片由 Wedgewood 提供

減低熱茶對瓷器的衝擊。在了解歷史原委之後,相信讀者之後享用茶品時,舉手投足都將充滿自信。

論及英國下午茶,司康是不可少的佐茶點心,你覺得司康上面應該要先塗奶油還是先塗果醬呢?你大概不會想到,這個看似平凡的司康也有正式吃法!

首先千萬不可用刀切開司康,應該用手將司康輕輕地剝成兩半,接下來再用左手剝下 1/4 食用。真正完美的司康,牛油與麵粉比例應該恰到好處,且易於徒手剝開,因此在英國上流社會裡,自家廚子的功力高低也在此展現。然而,享用司康的動作必須緩慢而優雅,心急不僅吃不了熱豆腐,也易使司康四分五裂,碎屑四散的窘境除了觀感不佳,也會破壞形象與地位。

塗果醬與奶油也須注意,先由公盤取用你需要的份量,放在自己盤子的右側邊緣,且順序是先塗果醬才抹奶油,為什麼呢?如果先塗奶油再抹果醬,奶油就會被果醬弄髒,看起來會十分不優雅喔!

The Table 女主人的餐桌時光 : 50 道輕食甜點優雅做 / Dawn Tsai
作 . -- 第一版 . -- 臺北市 : 博思智庫 , 民 103.08
160 面 ; 17x23 公分
ISBN 978-986-90436-5-6（平裝）
1. 食譜 2. 餐飲禮儀
427.12   103011490

美好生活｜*16*

The Table 女主人的餐桌時光
50 道輕食甜點優雅做

作　　　者｜Dawn Tsai
食譜攝影｜Dawn Tsai
美術編輯｜Dawn Tsai、魏妏如、林采瑤
封面設計｜Dawn Tsai、魏妏如、林采瑤
執行編輯｜吳翔逸
專案編輯｜Judy Tsai
折口攝影｜吳昌儒
行銷策劃｜李依芳
發 行 人｜黃輝煌
社　　長｜蕭艷秋
財務顧問｜蕭聰傑
出 版 者｜博思智庫股份有限公司
地　　址｜104 台北市中山區松江路 206 號 14 樓之 4
電　　話｜(02) 2562 3277
傳　　真｜(02) 2563 2892

總 代 理｜聯合發行股份有限公司
電　　話｜(02) 2917 8022
傳　　真｜(02) 2915 6275

印　　製｜永光彩色印刷股份有限公司
定　　價｜330 元
第一版第一刷 中華民國 103 年 8 月

博思智庫股份有限公司
博思智庫粉絲團 Facebook.com/broadthinktank

encharm
LIFESTYLE
www.encharmlife.com

encharm
LIFESTYLE

www.encharmlife.com